新媒体如何改变我们对幸福的感知

数字抑郁

DIGITALE
DEPRESSION

Wie neue Medien unser
Glücksempfinden
verändern

时代

Sarah Diefenbach
Daniel Ullrich

[德]
萨拉·迪芬巴赫
丹尼尔·乌尔里希
著

民主与建设出版社
·北京·

张骥 译

目 录

引　言　互联网时代的幸福　/ 1
　　　　　幸福保护专员在哪里　/ 6
　　　　　技术决定幸福吗　/ 8
　　　　　不要靠近脸谱网，会变得不幸　/ 12
　　　　　无限的可能令人不堪重负　/ 14
　　　　　技术设计：从工具到健康福祉　/ 16
　　　　　快醒醒，为幸福而战　/ 21
　　　　　互联网时代的幸福　/ 23

第一章　技术取代直接的幸福
　　　　　拍下来的才是美景，传上网的才算幸福
　　　　　感知受损　/ 37
　　　　　重要价值受损　/ 41
　　　　　社交互动受损　/ 44
　　　　　记录，而非体验　/ 45
　　　　　对碎片时间零容忍　/ 47
　　　　　消费 vs. 创造　/ 50
　　　　　人间烟火气，最抚凡人心　/ 54

第二章　技术决定意义
从自我提升到自我迷失

量化，让你离目标越来越远　/ 63
从自我提升到自我迷失　/ 68
别管喜不喜欢，反正多多益善　/ 76
循规蹈矩的自我表现　/ 80
技术传达的理想，到底由谁来决定　/ 82

第三章　我的幸福适合发朋友圈吗
幸福的人生都是相似的

千篇一律的生活有什么意思　/ 88
社交媒体上的幸福模板　/ 94
幸福就是让别人觉得你幸福　/ 99
朋友圈里的幸福陷阱　/ 102
重拾享受幸福的能力　/ 110

第四章　别关机，时刻保持联系
24/7，秒回信息

假期？拿来吧你！　/ 117
时刻保持联系，是一项基本权利　/ 123
由小渐大的通信压力　/ 124
手机时代的夫妻关系　/ 129
是虚拟的亲密，还是真正的亲密　/ 131
关机是不可能关机的　/ 136

从小事做起，解放自己 /140

第五章　技术这张通行证
　　　　　当技术将我们从尊重和体谅他人的责任中解放出来

技术带来特权 /148
新讨论文化：你、我和网上 /151
约定，可以随时更改 /156
互联网时代的克尼格行为准则手册 /161
在矛盾的心态下，失去礼貌 /165

第六章　由线上到线下
　　　　　当互联网规则入侵现实

时刻开启评论模式 /177
哈哈，你上钩了！ /180
一切皆可评价 /184
为什么网上喷子那么多 /186
互联网不会遗忘 /189
虚拟世界入侵现实的心理学机制 /193
线下世界的未来 /196

第七章　新物种的诞生
　　　　　"科技人"的思考、感受和行为

回复强迫症——"科技人"的沟通交流 /204

别问，问就上网查——"科技人"的思考和感知　/ 208
专注力的瓦解——"科技人"的行为和习俗　/ 212
"科技人"与产品的关系　/ 215
"科技人"对时间、工作、空闲的态度　/ 217
"科技人"的自我感知和自我表现　/ 220

第八章　未　来
将怎样发展……
技术的发展趋势　/ 229
通往幸福之路　/ 237
最后的思考　/ 241

参考文献　/ 245
采访、演讲、博客和视频　/ 256

引言　互联网时代的幸福

托比周末来做客，我们都好久没见面了。但重逢的喜悦并未持续太久，自从他收到女朋友的 WhatsApp 短信之后，他其实就已经"身在曹营心在汉"了。托比忙个不停，一会儿拍张照片发给女朋友，一会儿又向女朋友报告他在做什么，或者要做什么。他还能做什么？无非就是不停地打字啊！在城里散步的时候，那些景点根本不入他的法眼，他觉得手机屏幕更有意思。就连之后在酒吧里我们也没聊上几句，因为他手机的来信提示音总是响个不停。我们很烦，托比则很紧张，但手机另一头的女友就是不肯作罢。"我回个信息，很快。"托比说道。他回完信息，他女友的回复又接踵而至，无穷尽也……

周日晚上，托比动身回家了，但他仿佛根本没来过。不过，在回家的火车上，他又打来电话——可喜可贺，我们整个周末都没说过那么多话！

现代技术好的一面是它将身处各地的人连接在了一起，不好的一面是它同时又将人们彼此分割开来。托比的女朋友或许根本无意打扰,她没有意识到自己那些好奇的问题有多么搅扰托比和我这个东道主的兴致。甚至我们尚未当面认识,她就已经让我对她产生了敌意。她意识不到这点,托比也只是想和女友分享一下。他或许觉得,聚会时一条短短的信息肯定也不会有什么影响。他似乎没看出来问题并不在于发一条信息,毕竟一天打一两通电话都远没有这样烦人。在打字的时候举到眼前的那部智能手机,一而再、再而三地挡在他和聊天伙伴之间,看上去是那样地失礼——或许他也没察觉到这一点。除了明显的心不在焉之外,最能表现对一场对话意兴阑珊的信号,莫过于不与聊天对象进行眼神接触了。但托比对自己这种举止毫无意识。或许在这种情况下,我们应该立刻拍一张照片,发到他的手机上。这样没准还有机会引起他的注意。

我们到底应该怎么办才能像以前一样和朋友们心无旁骛地享受聚会?我们是不是还需要更多的技术,来掌控身边已有的技术?或许需要在口袋里装一个手机干扰器,才能把我们的朋友拽回现实世界?又或者我们应该先管好自己,让自己学会以另一种方式和技术相处?

有时我们和托比一样。我们的某些行为方式并无恶意,但却带来了更多烦恼而非快乐,将幸福挡在门外。技术设备通常会加剧下列种种行为:比起在同一物理空间里的身边人,数字化通信伙伴得到了更多关注;忘记体验当下的幸福,而幻想以在脸谱网上给别人点赞的方式获得幸福;依赖于可穿戴设备上的健身进度条所带来的积极感,而忽略了现实生活中的点滴进步;高度关注技术,但却看不到自己的幸福。

每位读者都能在这本书里发现"幸福之事",并在这些事情中重新认识自己或者他人的行为举止。考虑到不断涌现的技术设备和数字媒体,在日常生活中永远不因技术而陷入矛盾纠纷,几乎就成了天方夜谭。

今日,技术毕竟是无处不在、无刻不在的。从电动牙刷到全自动咖啡机,到YouTube上供你随时检索的各种生活小窍门,再到用于监测锻炼情况的健身手环,或许你脑袋上还一直戴着耳机。同他人的交流也是以技术为媒介。人们通过脸谱网、Instagram保持联络,展示我到底是谁——或者我想成为谁;得益于WhatsApp,我们总能和亲戚朋友保持联系;谁要想了解我们生活中的更多新闻,可以关注我们的博客。社交媒体也是在社会中进行交流和形成舆论的一个渠道,政治家发推特治国,明星在YouTube上出道,名人在脸谱网上变得更知名——又或者为网上颇有争议的评论吵得不可开交。社交媒体上有太多可能性,能让我们的生活变得更加激动人心、更具互动性、更便捷、更喧闹多彩——但也会让我们更幸福吗?

针对技术对我们日常生活的渗透,有许多批评之声。比如对数据保护和个人隐私的担忧便是合理合法的,此外,手机辐射和"鼠标手"带来的健康危害也同样令人担心。我们还会担心人类认知功能的退化,脑科学专家曼弗雷德·施皮策(Manfred

Spitzer）就曾在他的《数字痴呆化》（*Digitale Demenz*）一书中讨论过这点。

但是我们的感受又如何呢？幸福的深度和广度又如何呢？幸福难道不是最重要的吗？

当然，技术有时并不会越俎代庖，幸福的问题也就不那么突出。在这种情况下，人们依靠技术更能获得幸福感。我很高兴能把洗碗的任务委托给自动洗碗机，我也很高兴下雨的时候可以开车而不是在雨中步行被淋成落汤鸡——当然雨中漫步是不是也是一件幸福的事情，这里大有可以探讨的空间。许多时候，人们对技术的最初想法就是希望它能使我们获得更丰富的幸福感，创造出令我们向往的更多可能性。以脸谱网为例，它用于保持联络，让我们知晓大事小情，简而言之：联系朋友。除了幸福，这里还能创造出什么呢？如果我都不相信这条新的联系渠道能让自己幸福，我又为什么要登录脸谱网呢？正如本书描述的研究成果以及我们每个人日常经验所展示的那样，幸福感常常会受到技术的消极影响。尽管技术有着这样或那样显而易见的好处，但体验到幸福的某种潜在可能性也会遭到破坏——通常还是在不知不觉的情况下。

我乐于和朋友们分享。我无比骄傲地把刚出炉的生日蛋糕的照片发到 WhatsApp 聊天群里，它品相一般，但却是我亲手烘焙的，我要给我的闺蜜们看看。结果一位好闺蜜立刻就给我发来一张照片："嘿嘿，烤蛋糕，我上周也尝试了一次……"照片上是一个完美的十层蛋糕。把自己的蛋糕发到聊天群里真是自作多情，我就应该在喝下午茶时和我的家人分享。

能在脸谱网上收获许多点赞，会让我感觉良好。可一旦没人点赞，我就会变得沮丧。我能在 WhatsApp 上看到我的暗恋对象刚刚上线，但我也能看到他虽然在线，但却在和别人聊天——不是和我！

我们常常陷于技术之中无法自拔，在工作中也总是被迫和技术捆绑在一起。我们之所以自愿使用这些技术，是因为我们相信（或者曾经相信），利用技术对我们大有裨益，并且最终也能得到好的结果。从整体上看，积极的感受应该多于消极的感受。其中隐含的假设是，事实就是如此，否则技术就不可能如此成功地渗透进生活的各个领域。恰恰相反：我们所有人都自愿为之，而且还在各种技术设备上大肆挥霍。每年圣诞节，德国信息技术、电信和新媒体协会（Branchenverband Bitkom）都会对行业销售额的增长兴奋不已：智能手机、平板电脑和智能手表、健身手环等可穿戴设备成为圣诞树下最受欢迎的礼物。只要苹果公司最新一代的智能手机和平板电脑一经开售，苹果迷们就会在苹果店的玻璃幕墙前安营扎寨，渴望第一个抢到他们期盼已久的产品。对于那些排队的人而言，这难道不也是一种纯粹的幸福吗？

而关键在于：我们所做的事情真的对我们有益吗？

在此，我们想先澄清一点：我们并非仇视技术，也绝不想废除日常生活中的技术，更不想从任何人手中夺走技术设备。许多美好的经历只有通过技术才能实现，比如电影之夜，机车旅行，与全球各地的人通话等。在此，我们希望有意识地关注那些自相矛盾的现象——有些时候，对技术的使用超出了技术的初衷，危及了我们的幸福。

幸福保护专员在哪里

无论是课堂上的笔记本电脑，还是智能手机的无接触支付，或者其他技术创新，我们探讨好与坏的核心问题通常是效率（没有那些陈旧但实用的黑板，学生们还能学习吗？）和安全（我在购物的时候会留下哪些数据信息？），但很少涉及主观感受和结果。与数据保护不同的是，幸福很难客观衡量，也很难用规定和规则加以保护。或许这也就是为什么德国联邦政府还没有设置过"幸福保护专员"这一职位，而担任此职的人员也很有可能会因为责任重大而不堪重负。幸福，这个问题或许听上去平淡无奇，但其背后隐藏的心理机制却极其复杂，评估起来也相当困难。在使用包括新媒体等技术的过程中，幸福迄今都很少为人所重视，二者之间的关联性也令人难以理解。

但说到底，我们都想过上幸福的生活。社会层面又对此有何反应呢——这一点从开设的关于"幸福"的课程数量之多就能看出些端倪。找出什么能让我们幸福，我们怎么做才能拥有幸福，可谓人生中最复杂的一个课题了。但我们值得为此寻找答案，这既有益于个人幸福,又有益于社会福祉。比如,幸福的人不太可能造成交通事故[1],更乐于助人、慷慨大度[2],活得更健康[3],工作更有效率[4]。如果考虑到幸福感所带来的诸多积极的附加作用,幸福不仅可以作为个体心理追求的目标,也可以作为社会政策追求的目标[5]。

因此,在我们平日里同技术和新媒体打交道的过程中,更准确地研究幸福的维度就显得愈发重要。在此,我们就要关注一下关于健康和幸福感的研究了。总体而言,某些观点还是比较令人忧虑的。比如,最近一项针对社交网络对幸福和健康的影响的研究就指出,对于那些不够自信的人来讲,脸谱网可不是什么救世主[6]。众所周知,脸谱网除了是一个让许多人保持联系的社交网络之外,更重要的是,它还提供了一种自我展示的可能性。恰恰是那些不够自信的人喜欢使用它,但却总是收获一些负面反馈。他们没有得到期待中的认可,最终变得比以前更不幸福。对于这种情况,只能用事与愿违、自食其果来形容。把技术当作互联互通

---

[1] Kirkcaldy, B., & Furnham, A. (2000). Positive affectivity, psychological well-being, accident-and traffic-deaths and suicide: An international comparison. *Studia Psychologica*, 42, 97-104.

[2] Bucher, A. A. (2009). *Psychologie des Glücks*. Beltz.

[3] Post, S. G. (2005). Alturism, happiness, and health: it's good to be good. *International Journal of Behavioral Medicine*, 12(2), 66-77.

[4] Staw, B. M., Sutton, R. I., & Pelled, L. H. (1994). Employee positive emotion and favorable outcomes at the workplace. *Organization Science*, 5(1), 51-57.

[5] Veenhoven, R. (2004). Happiness as an aim in public policy. In A. Linley & S. Joseph (Hrsg.): *Pisitive Psychology in Practice*. New York: John Wiley & Sons, 658-678.

[6] Brooks, S. (2005). Does personal social media usage affect efficiency and well-being? *Coputers in Human Behavior*, 46, 26-37.

的媒介和用于积极交流的空间，其初衷或许是好的，但却有可能很快转向反面，实际结果往往和广告里描述的大相径庭。

2015年4月，德国绿党议员克劳迪娅·麦切尔（Claudia Maicher）在萨克森州议会关于媒体教育的辩论中指出，技术本身不存在好坏之分，关键是人们如何与它相处。麦切尔认为，（在使用技术过程中）孩童和青年尤其需要得到恰当的支持。麦切尔的观点并非全无道理。与技术相处变得很重要，问题在于，应该给予青年人什么支持。就拿脸谱网来说，人们很难说清，现在到底该给那些不够自信但又渴求点赞认可的青年人什么支持：教给他如何尽可能积极地展现自己？或者干脆就让他远离脸谱网？至少，重要的是要让他知道进入社交网络将会面临哪些挑战。需要注意的是，不能听凭技术决定我们什么时候幸福，什么时候不幸福。不管技术是否有这个说了算的"能力"，我们现在都太过于仓促地让脸谱网和Instagram来决定自己今天到底是开心还是难过。

技术决定幸福吗

技术创造了一个区域，供人们在其中活动。对技术本身的界定决定了什么是被允许的，而且技术确有好坏之分。我不同意麦切尔议员的观点，即认为技术本身不分好坏，只有如何与之相处才是关键。比如，有些网站可供人们上传自己前女（男）友的性爱视频，从而让她（他）出丑；在有些网络平台上，人们可以匿名且不受审查地谩骂他人，甚至实施犯罪。很难相信社会能严肃地使用这种网络平台，更别提有益地使用它了。各种特定的技术不断被发明出来供人类使用，用户已经无处可逃——这已是不争的事实。

智能技术并不总是真的智能。技术提供了各种可能性，但却没有检验它们是否真的对我们有益。因为，某些技术的初衷或许是好的，但也经常会侵蚀我们原有的能力。我们已经忘了没有技术该怎么办，这一点从日常生活的点滴小事中就能看出来，比如导航系统、Word 软件的自动修正功能等。相同的道路，我已经（在导航的帮助下）开车走过十次了，可我还是不认识路。Word 软件给我自动修改的那些笔误，我根本没有注意到。我的手指学会的是输入错误的单词，这种错误的运动机能就被存储在大脑的程序里了。我以前引以为傲的能力，现在毫无用武之地：在我还没来得及向我的聊天伙伴解释脱口秀嘉宾所说的建设性观点是什么意思时，他就已经向我宣读了维基百科上的解释；在我这个方向感极强的人还没来得及根据太阳的位置，告诉同伴出了地铁站应该怎么走才能到达要找的餐厅时，他手里的智能手机就已经开始喋喋不休了："目标位于你们前方右侧 300 米处。"马蒂亚斯·拉什克（Matthias Laschke）与设计师、心理学家组成了一个科研团队，详细研究了这类智能技术对我们日常生活的影响。他们在论文《冲出舒适区：比智能技术更智能》（2014 年）中得出结论："产品和服务越让人舒适，用户就越少考虑使用的后果……

最终，这些'智能'产品有可能会创造出'傻用户'。"

上述例子都表现了技术及其副作用对我们的行为造成的长期影响。在不知不觉中，技术在不断塑造着我们的思维和行为。就像运动类程序会不断变化，我们大脑中关于幸福的程序也会变化。如果不注意，技术会夺走我们直接感受幸福的能力。看看我们在社交网络、视频门户网站和博客上的种种行为，许多人脑海中或许会有这样的印象：一场远足，如果不能把旅行途中的风景与关注者和朋友们分享，这场旅行又有什么价值呢？一顿大餐，如果不能拍照，又何谈色味俱佳呢？一次聚会，如果不能把欢愉时光和生活乐趣拍成一小段视频，又算什么聚会呢？一段骑行，如果路径没有被记录下来，这段骑行就跟没发生过一样。尽管美食可能回味无穷，尽管落日或许壮丽感人，尽管大自然令人印象深刻，但只有在网上同别人分享这一刻的时候，人们才能真正享受这一刻——要是还能收割一众点赞，那就再好不过了！

一切并非围绕着此时此刻、此情此景进行，而是以准备将这一时刻分享到网络世界为中心。有些人失去了对个人幸福的掌控，将自己对幸福的决定权让渡给了互联网，由它定义我眼前的日落有多么重要。糟糕的是，我拍摄的日落，要和网上其他数千个更完美的日落一决高下。突然之间，我的个人幸福时刻就变得索然无味了。

为幸福时刻所做的数字化准备 (Maridav/Fotolia.com)

引言 互联网时代的幸福

个人幸福时刻（左上）在数字世界的反复竞争中变得越来越不值钱

不要靠近脸谱网，会变得不幸

更糟糕的是，脸谱网和其他社交网络有时还给我展示了那些对我毫无益处的东西，而它们可能是滋生挥之不去的嫉妒的温床。热恋中的你在网上浏览女（男）朋友的个人信息时，可能会看到她（他）与前男（女）友幸福时刻的数千张照片。又或者发现——这还是我使用 StudiVZ[①] 时期的个人经历——我的女同学没有回复我的信息，但她在收到我的信息后是一直在线的！更糟心的是，她甚至还和一位我也认识的熟人刚刚欢聚完，并在留言栏

---

① 德国大学生使用的一款社交平台，类似于中国的人人网。——译者注

里给这个人留了一条亲密的问候："……昨天晚上太美妙了，回见，么么哒！"我觉得自己被这个世界抛弃了。真的要"感谢"这个让我沮丧的脸谱网！

科学研究也印证了这样的经历。使用这些技术的动机原本是为了情绪激励：用户期待在访问了这些平台之后，能感觉更加良好，但实际上总是事与愿违。人们在社交网络上逗留的时间越长，情绪就愈发低落[1]。脸谱网的访客会感到压力和自卑[2]，别人积极正面的信息会引发嫉妒[3]。寂寞的人渴望在互联网上寻求帮助，但最后却更加孤独[4]。

当然，我们不想否认许多人在脸谱网上也有很多积极正面的经历，但这样的人并不多。不知不觉，人们就踏上了一条于己无益的道路。脸谱网成了赌场里的一部老虎机，人们每次都觉得今天能中大奖。于是，脸谱网变成了输出沮丧的机器，人们在上面订阅到的是负面的信息，同时浪费了大量时间。

幸运的是，网络社区在这里又帮了人们一把：博主布里艾林·史密斯（Briallyn Smith）在2015年4月的一篇名为《上脸谱

---

[1] Sagioglou, C., & Greitemeyer, T. (2014). Facebook 's emotional consequences: Why Facebook cause a decreas in mood and why people still use it. *Computers in Human Behavior*, 35, 359-363.

[2] Chen, W., & Lee, K. H. (2013). Sharing, liking, commenting, and distressed? The pathway between Facebook interaction and psychological distress. Cyberpsychology, *Behavior, and Social Networking*, 16(10), 728-734.

[3] Lin, J., & Utz, S. (2015). The emotional responses of browsing Facebook: Happiness, envy, and the role of tie strength. *Computers in Human Behavior*, 52, 29-38.

[4] Kim, J., LaRose, R., & Peng, W. (2009). Loneliness as the cause and the effect of problematic Internet use: The relationship between Internet use and psychological well-being. *CyberPsychology & Behavior*, 12(4), 451-455.

网让你沮丧？5条建议让你重振精神》的文章中给了几条宝贵建议。比如，有一条建议是在设置中选择"不关注"，这比"解除好友"要温和一些。通过这种方式，可以避免每天被动地得知许多信息，比如你当年的同班同学过得多么成功，其实即便在学生时代，你和这些人都没什么接触。然而，文章最后却给出了这样一条最重要的建议：无论如何，都不要试图离开脸谱网。删除脸谱网账号很可能会对个人和职业生涯造成极为不利的影响。太可惜了，这原本可以是很简单的一件事。我们还真是生活在一个困难重重的世界啊！

无限的可能令人不堪重负

获得幸福究竟为什么变得如此困难？技术在我们的日常生活中并非新生现象。但其后果却要比几年前更为丰富多样，对我们的思维、感觉、行为和社会关系所造成的叠加影响几乎无法估量。从电视机被装进卧室起，许多人就感到非常担忧。早在1957年，社会学家阿诺德·格兰（Arnold Gehlen）就批评电视传递的是"二手经验"，他认为媒体信息会不断取代真实的经历。1979年，玛利亚·温恩（Marie Winn）《卧室里的毒品》（*Die Droge im Wohnzimmer*）和杰瑞·曼德尔（Jerry）的《关掉电视机！对二手生活的宣战书》（*Schafft das Fernsehen ab! Eine Streitschrift gegen das Leben aus zweiter Hand*）等批判媒体的著作接踵而至。

之后，随着电脑在20世纪80年代被装进卧室，哈特穆特·冯·亨迪希（Hartmut von Hentig，1985）在《逐渐消失的现实》（*Das allmähliche Verschwinden der Wirklichkeit*）中的担心也逐渐蔓延。最终，伴随着90年代媒体世界的强力扩张，移动电话和互联网的广泛传播，专家们得出这样的结论：《新媒体让我们病态化》（*Die neuen Medien machen uns krank*，Werner Glogauer，1999）。

撰写这本书的格罗高尔当时肯定没有预见到，美好的日落时刻会变得越来越不值钱，脸谱网会引发自卑，以及实时聊天的状态显示会造成人际关系的戏剧性冲突。他当时首先担忧的是屏幕和电磁辐射对身体造成的损害，或者使用移动电话带来的社会问题，比如（他宣称的）毒品交易和卖淫的增加。

在当时，相对于这样那样的危险，人们更容易看清技术对个人微小的幸福感所产生的影响。这种对幸福感的影响主要与内容和时间投入有关，比如，电视购物和《俄罗斯方块》对我和孩子有什么好处？我要放弃哪些内容？我想要投入多长时间？除此以外我还能做些什么？

当时的朋友聚会，大家就是凑在一起运动健身或者做些其他有意义的事情。这时，对技术的使用还是单方面的：人们沉浸其中，独自行动且不受打扰。

但时至今日，又是什么让技术变得如此有趣且富有挑战呢？就是它具有互动性的成分：和别人进行交流，共同参与到一个程序中，接收反馈信息。单方面的消费已经变成了在难以看清的众多方向上的多方面的互动。互联网用户通常得到的反馈信息会比他们想要的更多,即遭遇所谓的"狗屎风暴"(Shitstorms)。他们自己都不知道自己制造出来的信息被多少人读过。当他们突然被要求向老板解释某条搞笑的脸谱网状态是何用意时,或者当原本计划的 20 人聚会招募了上千人时,他们会感到惊诧不已。

只要某个系统不仅只有一个发展方向,它就会变得愈发复杂。随后就会有越来越多的人参与进来,它还会更为家喻户晓——但它也更可能滑向人们从未设想过的领域。当然,生活的方方面面也会被卷入其中。我们的世界承诺了太多获得新幸福的机会:上脸谱网吧;Freeletics[1],让你达到最佳生活状态;成为 Youtube 上的明星;发博客,能致富。我们当然不想错过这些!聪明的人会怎么做呢?他们会充分利用现代媒体的无限可能性,把幸福感最大化——不然,就转身离开。

技术设计:从工具到健康福祉

把技术理解为通往幸福和健康的途径,这样的理念还相对较新。很长时间以来,人们还是从实用主义的角度看待技术:把它当作一种辅助工具,用以将复杂的过程自动化,让日常生活更便

---

[1] 欧洲知名的健身软件,旨在提供高强度训练计划。——译者注

现代化的幸福讯息（来源：Freeletics.com）

捷。自动洗碗机解放了我们的双手，洗衣机替代了搓衣板上费力的揉搓。一切都必须尽可能快地完成，最理想的情况就是只需按一个按钮就解决一切——效率，一直就是唯一的原则。

如果现在有人宣称要让技术人性化，确保能带来幸福感和个人成就感，技术就会复杂得多。这不仅是因为有更多的要求要被纳入考量，还因为效率原则和幸福原则经常彼此冲突。若到处都以高速和冰冷的运行为标准，就会失去享受的乐趣。高效和享受，不可兼得。

当然，用技术解决日常生活中的麻烦事并没有错。问题在于，在我们还没准备好时就把过多的事情交给了高效的技术，而这些事情原本可能并不复杂。举个显而易见的事例吧，如果一个人只是埋头跟着导航开车，最后把车开到了河里，显然他就太过相信技术了。

再看看煮咖啡这个例子——这是千家万户每天必做的一

项"仪式",对于煮咖啡,我们又应该让技术替我们减轻多少负担呢?我们得感谢越来越智能的咖啡机:基本上只需按一个按钮,你就能获得一杯想象中的完美咖啡了。手冲咖啡似乎也被技术"亵渎"了,乍一看,许多人并不会觉得这算什么问题。一键喝咖啡?这很棒啊!对于这一问题,2014年的一项研究就探讨了这到底是不是百分百的"棒":位于埃森的富克旺艺术大学(die Folkwang Universität Essen)[1]工业设计领域的研究人员进行了一项对比研究,在用意式滴滤壶在炉灶上烹煮这种古典方式煮咖啡和现代化的全自动咖啡机"一键式"煮咖啡时,人们会产生怎样的感情。研究结果清晰地展现了自动化让人们付出了怎样的代价:"一键式"煮咖啡让人只关注结果,从按下按钮到喝到咖啡之间的这段时间就变成了毫无意义的等待。手冲咖啡让我们更有幸福感,因为人们在此过程中可以体会自己的手艺,感到自己参与其中,对"自己的"咖啡很自豪。我们利用技术,并不仅仅是为了让一切更简单,也是为了满足各种心理需要,例如感受自己的手艺、为自己感到骄傲。20世纪90年代信息技术界引入图像用户界面时,技术爱好者们的抗议也说明了这一点。他们觉得,现在"每个傻瓜"都可以操作Windows系统了,多年来习得的DOS指令突然变得不值一提了。

---

[1] Hassenzahl, M., & Klapperich, H. (2014). Convenient, clean, and efficient?: the experiential costs of everyday automation. In Proceedings of the 8th Nordic Conference on Human-Computer Interaction: Fun, Fast, Foundational. ACM Press, 21-30.

这样的例子为理解技术进步提供了一个新视角，也再次证明了：人们根本不必费力研究技术创新如何损害健康、泄露隐私数据，仅仅是行为的心理价值，就足以引发对各种技术"进步"的质疑。我们的回答当然不是放弃技术进步，回到在炉灶上用意式滴滤壶煮咖啡、在电脑里输入命令行的时代。比如在那项咖啡研究中，就根本没有探讨两种方式口味上的差别，也没有考虑烹煮温度和炉灶设备能耗这些问题。

我们更希望的是，制造商不仅考虑到技术创新带来的好处，还考虑其造成的损失。制造商应该严肃对待客户，一方面寻找消除麻烦的方法，另一方面也保留先前解决方案的优点。就煮咖啡而言，这种方法可以是一台带有多种调节功能的现代化意式浓缩咖啡机：每个人都能在上面依靠默认设置制作一份咖啡，真正的咖啡爱好者则可以挖掘机器的多种功能，从制作咖啡开始享受咖啡带来的乐趣。

非要把全自动咖啡机上面那个无辜的按钮视作对我们幸福感的侵犯，有些人会觉得过于牵强。但这个例子很好地揭示了现代技术那些通常未被察觉的副作用和附加作用——如果人们追求"以用户为中心的设计"（User Centered Design），这个例子也能让我们明白，思考需要深入到哪个层面。

阐明这种以幸福为导向的技术设计哲学的更为极端的方式包括积极设计（Positive Design，Desmet & Pohlmeyer，2013）或者体验设计（Expericence Design，Hassenzahl，2010），这些理念都将积极的体验作为设计决策的出发点。它们提供的解决方案通常都不同寻常，有些人或许还会认为这有挑衅意味。慢设计（Slow Design，Fuad-Luke，2002）提倡有意放慢过程，让用户有机会理解、参与和反思。女设计师芭芭拉·格罗斯－赫林（Barbara Große-Hering）发明的 JuicyMo 榨汁机就通过透明的机器罩做到了这一点，用户可以清晰地观察到果汁分离的每一个步骤。"电子皮肤技术"（E-Skin-Technology）能让这台榨汁机的机器罩只有在开启时才会变得透明。而在开启前，JuicyMo 则通体呈经典的白色，这种工业设计的美学能防止这台榨汁机像许多其他"丑陋的厨房电器"一样，消失在橱柜的角落里，并最终被遗

JuicyMo（Große-Hering，2013）

忘。其他功能特点包括"双滤技术",用以在果汁中按需添加定量的果肉。设计师还提出"果肉再利用"概念,让榨汁过程更环保。使用者可以继续收集槽中余下的果肉,把它们烘干,用以烤制面包。

即便如此,那个问题——JuicyMo 是否真的为我们带来了幸福——依然没有答案。这个例子展现的是为人类设计技术需要考虑的诸多要求。即便是处理日常生活中这些简单的家务,比如榨果汁或者煮咖啡,在许多领域起到重要作用的效率最大化原则,也会让咖啡的制作失去某些意义。榨汁机若想让人们的饮食更健康,首先外观要漂亮,只有这样人们才乐于使用它。

就脸谱网和 WhatsApp 这类具有交互特点的产品而言,情况又有多复杂呢?这些技术不仅每天都陪伴我们左右,而且还决定着我们与他人的互动。对于脸谱网的各项研究结果都表明了它可能引发的消极影响:让技术真正给人类带来幸福,确实是一项巨大的挑战。技术设计无法充分考虑用户的福祉。

快醒醒,为幸福而战

技术对生活方方面面的渗透以及大范围的交互性操作导致它们对人类幸福的影响也愈发显著且无孔不入。另外,技术已经成为一种具有广泛群众基础的媒介,所以由技术决定的幸福感也成为一种人所共有的体验。因此,我们在这里提出的思考意义重大。

过去，使用技术的人，就是理解技术的人。拥有一台电脑就意味着你也会编程，并且能大致设想出电脑是如何运转的，每个指令会输出哪些结果。而现在，拥有多台数字设备已经不算什么新鲜事了。使用技术变得如此简单，以至于每个人都不需要理解它们。技术拥有者（普罗大众）和真正理解技术的人（技术学霸）之间的分裂越来越大。

通过极为广泛的传播，技术自然具有了一种全然不同的能力，它们塑造我们的社会，还为日常生活中的许多怪事铺平了道路。比如，相对而坐的"聊天伙伴"，竟然要通过给对方手机发信息才能引起其注意。再比如，如果天气状况不是很完美，有人就会放弃去跑步，因为逆风会让他们在健身 App 上的照片不够好看。

实际上，此类现象并不是什么新鲜事。就算没有技术，这些肆无忌惮的行为、自私、嫉妒和醋意，以及更多地关注毫无意义的数字而非自身感觉的趋势也一直存在。但技术就像额外的催化剂，起到了推波助澜的作用。那些本来就喜欢边翻报纸边聊天的人，现在也不会把智能手机放在一边专心谈话。那些在胶片摄影时代就喜欢跟朋友喋喋不休地炫耀自己度假照片（也就一两张而已）的家伙，今天也能对着手机里的几千张照片毫不费力地吹上几个小时。就连亲密时刻，也需要带上智能手机。

只有我们俩的世界——还有智能手机（Jushua Resnick/Fotolia.com）

互联网时代的幸福

在本书中，我们对幸福这一概念的使用，并没有遵循某一特定的科学或哲学定义。我们思考的重点在于，现代化技术对我们感受日常生活的不同场景的影响："幸福"在此是一种集合概念，用于阐明技术对纯粹的个人感受的影响。文中提及的"幸福时刻"是指"对我们有益的积极的时刻"。我们关注的问题是：技术可以帮助我们感受到我们想要的感受吗？换句话说，技术干的是好事吗？或者，技术有没有把我们引入歧途，把我们引向一个与自己的初衷大相径庭的地方，让我们忘记曾经珍视的东西？简而言之：技术什么时候带来的是幸福，什么时候又带来不幸？该如何使用技术，使其对我们有益而非有害。

我们应该意识到，影响我们理解幸福的主要因素来自主观方面——我对自身感受的评估：我在某个场景中是否感到幸福，我又在多大程度上感受到幸福。我不需要外部权威来告诉我，什么时候会有怎样的感觉。那些试图给他人灌输一套外部价值标准的所谓顾问，大有人在。但我们希望本书能启发人们对幸福的反思和追问——对每件事情逐一提问：技术真的创造了它承诺过的美好感觉了吗？

我们主持的研究，主要关注技术所能带来的积极的可能性。比如，我们研究用于与儿童互动的机器人，如何能够让孩子们在候诊时轻松一些；技术需要如何设计才能支持人们实现个人目标；技术怎样才能成为一名有用的"教练"。心理学上的诸多原理为积极的技术设计提供了出发点，并最终带来了积极且重要的经验。众多产品方案都展示出如何通过技术在原则上照顾人类的每一个需求。比如聚会上为所有人播放的背景音乐，目的就是烘托美好的气氛，让客人们的关系亲密无间。因此，室内四壁上的音响系统常常让聚会主人头痛不已。准备似乎总是不够充分，主人总想再搜刮点合适的歌曲，满足所有客人的喜好。但这往往是徒劳的。客人们窃窃私语、唠叨抱怨，最后只得亲自上手，百无聊赖地在收藏歌单里点来点去，没有一首歌被完整地放完，现场气氛也谈不上美好。女设计师艾娃·伦茨（Eva Lenz）给出了一个解决方案——Mo，这是一款社交音乐播放器，所有客人都能通过 Mo 为聚会播放的音乐做一份贡献。每个人都可以把心仪的音乐上传到 Mo 上，音响系统随机播放所有聚会来客收藏的音乐列表。为了更好的社交体验，Mo 放弃了音乐播放器常见的一些功能。比如，它没有显示屏，这会促使人们相互询问："嘿，这首歌很酷啊，谁带来的？" Mo 上也没有用于切换下一首歌曲的"跳过键"。把别人最爱的歌曲一键切掉，这种无礼的行为会破坏聚会的气氛。相反，人们可以回听前一首歌曲，或者把喜欢的音乐推到播放列表最上端。但是这类产品方案的研发实在代价高昂，它需要不断进行实地调研。设计人员必须真正了解目标群体及其需求和环境，以便深入了解技术应该提供哪些功能，从而尽可能创造积极的用户体验。提供创造性的解决方案，需要勇气和开放的心态。

上面这种场景还不是我们每天都会遇到的。这里我们要讨论的是大众市场的交互性产品。技术很少能自动展现其积极的潜力。

Mo，一款社交音乐播放器（艾娃·伦茨）

引言　互联网时代的幸福　25

恰恰相反，在消费者技术（Consumer Technology）领域，也就是那些能给用户带来乐趣的产品领域，现在已经有越来越多的技术无法再创造任何乐趣了。

这本书以日常生活中的技术为例，展示这些技术令人称奇的后果，及其给我们的幸福带来的危险。我们反思这些愈加荒诞的现象，思考自己到底是否需要这些技术。我们讨论的是心理机制

和做出改变及发挥影响之间的可能联系，我们的目的是以此找到看问题的新方法，有意识地做出决定。每个人都面临着挑战，每个人都可能受到潜在的影响，每个人也应该被号召起来，踏上征途，保卫自己的幸福。

CHAPTER 1
—— 第一章 ——

技术取代直接的幸福
拍下来的才是美景,传上网的才算幸福

我早就对乘船前往戈梅拉岛（La Gomera，西班牙加纳利群岛中的一个岛屿）期待不已了。我立刻在户外甲板上占了一个位置，想要欣赏沿途的海景——或许我还能看到海豚。海豚是我最喜欢的动物，我对它了如指掌。能现场看到一只野生海豚，这种经历绝对十分特别。我运气不错：在水天相接的地方，真的有海豚独有的背鳍露出水面，其中甚至还有一只海豚宝宝。这真是我今天最幸福的时刻了，但幸福的感觉并未持续太久，突然我的周围骚动起来。一群人挤向船舷，我也被紧紧地压在金属栏杆上。只见众人慌里慌张地抽出相机，肆无忌惮地用自己的相机挡住邻人的视线，每个人都想拍一张展示海豚跃出水面时刻的完美照片。但最终没人成功拍到（海豚速度很快，且行踪不定），也没人真正目睹。

　　刚一登岛，"摄影大赛"便又展开了。我们从圣塞瓦斯蒂安镇（San Sebastian）出发一路向西，前往巴耶格兰雷伊镇（Valle

乘船横渡大海，前往戈梅拉岛

一只海豚，一只海豚！

Gran Rey），途中要穿过一片山区，一路上都是令人印象深刻的自然风光。是的，我们也拍了一两张照片，但我们很快就决定，不能让拍照占用过多时间。视野之辽阔、风光之秀美，本来也没法用手机摄像头收进去。我们宁愿沉浸在此时此刻，感受肌肤沐浴在阳光之中，享受眼前之景。此景美不胜收。

许多人似乎没有这个时间。船上的事情每个景点都在发生，人潮突然向我们涌来，然后又像突然出现一样很快便消失得无影无踪。没有人愿意停下脚步，真正感受一下他们眼前到底是什么。人群涌来，拍照，完成任务。用我们自己的感觉器官去"记录"，似乎有些过时了。

让我们做个小小的思想实验吧：如果旅游团里的所有人都把相机忘在了家里，这场旅行的体验又会变成什么样呢？人们会不会试着把景色存在记忆而非照片中呢？或者，如果人们还在使用胶片相机，他们会不会只拍有限的照片呢？会不会更有意识地去感受，目标更明确地去判断眼前的景色是不是真的很特别，是不是真的值得用照片记录下来？日后，这张照片能不能唤醒自己对这一独特时刻的回忆？或许，和照片所展示的景象相比，这张照片本身甚至能在我们心里引发"真正的观赏"，唤起更多的回忆？

今天，通货膨胀式地大规模使用数码摄影，让照片越来越难与一段不同寻常的回忆联系起来，还有谁仍能对假期中每天所拍的成百上千张照片中的每一张有准确的回忆？当时真实的场景真

戈梅拉岛上的"摄影大赛"

上古时代"记录"风景的方式

的能浮现在眼前？要做到这点，人们必须先要有意识地真正去感受那些时刻，单靠照相机镜头常常无法做到这一点。

和有意识的体验相比，人们拍摄的照片要多得多。在人们还没来得及真正做出决策时，快门就已经被按下。有些人或许会反驳说，事情也没那么糟糕："我可以晚上在手机上浏览这些照片啊。也只有在晚上向朋友们展示照片时，我才真正体验到今天所经历的一切。"

这当然不仅仅是假期所特有的现象。无论何时何地，只要有值得看、值得拍照的东西，这样的现象就都会出现。比如，在慕尼黑的玛利亚广场上，每当广场上的钟楼进行壁钟表演时，人们都能经历这一现象。壁钟表演同时也是另一场表演的发令枪。许多人把手伸进自己的口袋，掏出智能手机，想要拍摄一段视频。当然要拍视频了，在静态的照片上人们既听不到钟声，也看不到钟楼上木偶的旋转表演。其他人看到，也纷纷有样学样——这么多人都在做的事情，肯定不会错！

当然所有人都喜欢拍照，也喜欢回看之前拍的视频——但如果涉及那些原本就很难记录的事物，矛盾就出现了。比如，手机摄像头拍下的壁钟表演，声音听上去只会让人毛骨悚然，谁还愿意再向朋友们显摆呢？！类似的情形也出现在乐队音乐会现场。我们不禁要质疑，人们是不是真的没办法静下来享受当下的美好时刻……

无论是哪些意义重大的事件——比如婚礼、葬礼、音乐会，

"考眼力"式的照片

活动越重要，智能手机组成的围墙就越密不透风。一个时刻越短暂、越重要——比如跃出水面的海豚，似乎人们就越难把它记录下来。如果再不能全神贯注地享受这一时刻，那就更可怜了。仅凭技术，我们几乎不可能用一张合适的照片记录下那个美好的瞬间。海豚跃出海面本来就很难遇到，再加上海洋的对比度较弱，被人认出就更难了——况且照片上呈现的信息比现实中要少得多。你大可以给朋友们展示一张"考眼力"（Suchbild）[①]式的照片，而不是一张像海报一般完美的照片。

壁钟表演也是如此。手机无法很好地收录声音，嘈杂的玛利

[①] 通常指在密集排列的相似元素中找到与众不同的那个元素。——译者注

亚广场更没有条件提供理想的录音录像环境。但结果似乎无关紧要：人们拍照、录像，白白浪费了现场的美好时刻。所有人都妄图拍到一些有用的场景，但这实在是机会渺茫。这就仿佛在赌博，代价是高昂的，置身事外地度过这一时刻，认为仅拍一张照片毫无意义，觉得没有什么话题值得和别人谈论，这些都会减损你的幸福。

> **如何变得不幸 1：**
> 　　不用考虑拍出好照片的机会有多大，尽管尝试。如果你调动了所有的感官去体验某个时刻，而没有把精力放在操作相机上，你会后悔的。

感知受损

　　照相机成了我们感受世界的工具，这可能会导致我们很大程度上关闭自己的感知能力，仅仅通过镜头去观看，而不是真正去感受眼睛所看到的一切。

　　我们家庭出游，去参观一个艺术展。我特别喜欢展览上的一幅画，爸爸就想帮我给这张画拍张照。拍得并不太好，但是他不肯放弃。他找到了自己的使命，现在展览的其他部分对他而言变得无所谓了。参观结束，我们来到展览纪念品店，我发现了一张明信片，上面就印着我喜欢的那幅画。

"酷，我要买这张。"

"哦，你找到的这张明信片很漂亮啊。"

"它印的就是您一直要给我拍的那幅画啊。"

"真的吗？"

"对啊！"

爸爸又对比着看了看，才发现还真是那幅画。他把精力都放在了拍照上，根本没有欣赏到那幅画。

怎么可能注视一幅画那么长时间，却没有看见这幅画？

让我们在认知心理学的世界短暂游览一番。我们能够感知到的事物，远比有意识地领悟到的事物多得多。那些通过感觉系统流入我们体内的东西，只有一小部分成了有意识的感受。感受是否能形成有意识的知觉，就涉及注意力的调控问题了。人们可以把注意力想象成一束光柱，在整个感官上方盘旋，只有在这束注意力之光照到的地方，才会出现一幅有意识的真实的图片。注意力受任务指引，这任务正是大脑给予我们的指令。以拍摄那幅画为例，感知会集中在和这项任务有关的特征上，比如如何取景才能把画拍完整。只有我们专注研究的部分才会被有意识地感知到，因为它与我们当前的任务有关联。而这幅画的内容到底是什么，即使它正好处于我们的视线范围内，也不会被意识到。此时只有视觉上的感知，但是并未对其进行解读，也没有对其中有意义的部分进行归类。简而言之，能将"观察"变成体验的所有要点，最终都缺失了。

类似的现象也发生在日常生活的其他领域，有些还会引发令人惊异的后果。因此"视而不见现象"（Looked-But-Failed-To-See, LBFS）是道路交通事故最常见的原因之一。相撞的物体（或其他交通参与者），通常根本就没有被事故中的驾驶员察觉到。即使它（他）们或许就处在驾驶员视野的中心位置，在这一刻也没有被大脑归为重要刺激。

什么是"重要刺激"，这一点在道路交通中也越来越多地按照技术来定义。在一项模拟驾驶研究[1]中，参与者依靠导航箭头给自己指路。一半参与者的箭头是蓝色的，另一半则是黄色的。一辆摩托车突然闯过来，如果摩托车的颜色和导航箭头的颜色一致，参与者就能更快地躲开它。

这项研究表明：只要我们交给感知系统一项任务，它就会极为认真负责地完成它——但如果某些刺激和目标任务不一致，就会忽视它或迟钝地感知它。用科学的话来说，就是重要刺激的特点和"注意力设定"之间的"错配"。"设定的注意力"（Attentional Set）描述的是刺激和它的特征，注意力会有意识地集中在这些上面（比如，蓝色和箭头）。注意力被绑定，会对在"注意力设定"之内的刺激做出更快速的反应。而对于"注意力设

---

[1] Most, S. B., & Astur, R. S. (2007). Feature-based attentional set as a cause of traffic accidents. *Visual Cognition*, 15(2), 125-132.

定"之外的刺激，反应速度则会减慢，某些重要的细节也会被忽略掉。所有的交通参与者都是重要刺激，无论它（他）们与我们在导航里跟踪的物体是否相同。

相似的情况还有"认知管窥"（Cognitive-Tunneling）和"认知飘移"（Cognitive-Drift），也就是感知范围的缩小，以及感知反复从真实环境中飘移到不断介入的数字化信息上。飞行员在使用"抬头显示"（Head-Up-Display，HUD）装置时，就需要防止"认知飘移"。飞行时有关信息被投影到飞行员和飞机前挡风玻璃之间的一块有机玻璃显示屏上。这一设计的初衷是，让使用者可以同时看到显示屏上的信息和真实环境。不过，似乎这个显示器和相机镜头有着相同的魔力，会让人对其背后的真实环境视而不见。人们的注意力很快就会被显示器上的数字化信息所吸引，即使飞行员意识到这一危险，决定把注意力拉回到现实中，它很快又会飘回覆盖在现实的显示器上（所以这种现象叫作"认知飘移"）。这是一个自动的过程，使人无法摆脱。即使人们短时间内意识到了危险，改变了注意力的焦点——用不了多久，注意力就又会飘走。

于是渥太华大学的研究者提出了这样的问题[1]："抬头显示"总体上看是否还能带来好处？或者说，真实性的丧失到底是不是一

---

[1] Hagen, L., Brown, M., Herdman, C. M., & Bleichman, D. (2005). The Costs and Benefits of Head-Up Displays (HUDs) In Motor Vehicles. In *Proceedings of the 13th International Symposium on Aviation Psychology*.

个严重的问题？

"抬头显示"只是一个例子，它说明了显示器在我们思维情景中占据了怎样的主导地位。所有人都看得见川流不息的街道上那一辆辆小汽车，也都看得见两辆车之间明显很狭窄的空距，但导航系统和泊车辅助系统只告诉我们，车正处在正确的轨道上。

与导航设备以及"抬头显示设备"一样，手机也会让我们在这样的情景下如此思考和认知。

人们会忘记周遭发生的事情，也会忘记自己到底在那里拍什么。没有完全掌握拍摄对象的所有细节，其实也不会造成什么严重的后果，至少不会有安全风险——只要不是在野外拍摄一头狮子。令人担忧的主要是：如果人们真的什么都不记得，拍这么多纪念照片又能带来什么呢？我们对这些照片很陌生，它们展示的是我们从未真正经历的那些时刻。

> **如何变得不幸 2：**
> 　　你眼前的真实就是那块显示屏。它左边、右边或者背后发生的事情，全都无关紧要。不要去管周围发生的事情，你靠着一块显示屏就能积累诸多鲜活的回忆。

重要价值受损

对记录重要事件的渴望，不仅改变了我们对环境的认知和注意力调控，还使人们的虚荣心越来越强，一旦重要事件没有被记录下来，就认为整个事件完全丧失了价值。照片比体验本身更重要。

2015年9月，欧洲经历了一场月全食。第二天一大早，大学里的同事们都兴高采烈地交流着他们昨晚的观月。只有雅各布闷闷不乐。他当然也半夜起床观月——但他遭遇了最坏的情况，他的相机坏了。他没法记录这一重要事件。他的结论就是："对我来说，月食就是个大骗局，我就不应该深更半夜起床看月食。"

记录某一重要时刻的尝试失败了，这当然令人怒从心头起。谁又没经历过这样的事情呢？面对旅行途中一片秀美的风光，相机电池正好没电了。（短暂的愤怒过后，你竟然意想不到地放松下来，感到自由自在，可以毫无负担地去享受大自然了。）当照片成为价值的唯一载体，人们就要问问自己到底为什么还要经历那些重要事件了。为什么不干脆派别人前去拍几张照片带回来，或者干脆使用谷歌的图片搜索功能呢？这可不行。照片必须是我本人拍摄的才能成为我体验的"证明"，就像护照上的海关盖章。只有这样，它才有意义。

> **如何变得不幸 3：**
>
> 　　只要不是你亲手拍摄的，就毫无意义。即使你的朋友或者成千上万的其他人早就拍摄过这个主题了，那也不够。你自己也必须照一张这样的照片。为了能和其他人有所区别，最好来张自拍。

　　摄影这门技术现在已经走进了千家万户。人们可以任意拍摄无数张照片，不用考虑成本，这也为大胆尝试提供了空间。几乎每个人都有一部智能手机并且随身携带，这也意味着每个人都随手拿着一部照相机——这与以前的情况完全不同，过去携带一部相机还是一种有意识的决定。许多人到了数码摄影时代才真正发掘出拍照给自己带来的愉悦，并由此发展出一门新的爱好。

　　但与此同时，数码摄影也会带来损失。唾手可得的数码相机让每张照片都失去了它的价值。那张意大利之旅的照片，那张班级郊游的照片，都变得没那么重要了。成百上千张照片，谁还会在事后把它们逐一欣赏一番呢？我难道还会劳神费力地从几千张照片中挑选出最美的十张，甚至把它们打印出来，挂在墙上吗？我按下的每一次快门难道不是在让这张照片丧失价值吗？漫画家布里安·戈登（Brian Gordon）就画出了这种进退维谷的困境。在漫画《照相：胶片和数码》（*Taking Pictures: Film vs. Digital*）中有这样一个场景，一只兔子手里举着刚刚由胶片冲洗出来照片，正沉浸在对青春的回忆中：其中有小学毕业照、第一次学会骑自行车以及自己还是小兔崽时的照片；而另一只数码摄影时代的兔子手里则举着一部智能手机，问道："谁想看我午餐时候拍的83张照片？"

> **如何变得不幸 4：**
>
> 能拍多少张照片，就拍多少张——这样就能弱化每一张照片的价值。任何事情都不能阻挡你按快门。没有哪一刻是不重要的，没有哪一刻是不需要被记录的。

社交互动受损

随着数字技术而来的摄影无所不在，社交互动也受到了影响。过去，总会有这样一种人，他们随身携带相机，为一切拍照。他们就是"记者"，整天带着相机跑。现在，我们每个人都是记者，一边拍风景，一边互相拍照。有人策划旅行时甚至还要考虑参观的景点什么时候光线最好，何时何地最适合自拍。

技术静静地陪伴着我们，只负责记录我们的经历，不打扰我们的美好时刻和社交互动——这种想法太天真了。人们的看法正在发生转变，问题不再是"我们现在感觉如何，我们当下觉得快乐吗？"，而是"以后会怎样？"。普通人就像职业摄影师一样专注于拍照。人们不再考虑拍摄对象的状态，而是关心光线够不够完美，有没有一缕头发挡住了脸，有没有别人闯入了照片。没错，如果目标就是拍摄一张完美的专业照片,所有这些都是至关重要的问题。别装了,你并没有和朋友们度过轻松愉快的一天。

> **如何变得不幸 5:**
> 　　和朋友出游的时候总带着相机拍来拍去。在一个地方你至少要拍三张不同姿势的照片。如果你觉得你看上去很完美了,那么为了以防万一,你还要再照最后一张。如果你的朋友没兴趣给你拍照,你就用自拍杆拍。

在有力、丰富、深入的思考和多媒体的不断强化所带来的全然的"据为己有"之间,存在着一座高山。

记录,而非体验

总的来说,技术越来越将我们对当下某一时刻的体验转移到事后反思的层面上。之前的经历,需要通过照片、博客和聊天群里的交流才能反映出来。对于每一个重要活动——生日聚会、徒步旅行或者一起观看足球比赛,都要建立一个专属的聊天群,大家在群里规划我们什么时候在哪里见面,谁准备些吃的,谁又会带谁一起来。大家相互保证自己多么期待这场大活动。活动期间,聊天群就会被照片所淹没。活动结束,所有人又都夸赞活动组织者或者主人多么了不起,举办了这样一场完美的活动。多么讨喜的姿态啊!要是只能打电话,估计主人也不会收到这么多致谢的信息。

就体验这件事而言，它已经远远超出了体验的核心意义，甚至不知什么时候，这一核心竟然消失了。正是技术让这一切发生。技术也使我们对日常生活中的活动有了更深的认识。通过轨迹记录软件，我可以了解我的骑行路线，看看令我自豪的爬坡距离，并且还和上一次骑行进行对比，确认我的成绩有没有进步。如果没有进步——那就是一场糟糕的体验！

当然必须注意的是，对于一场活动，除了事前准备和事后反思，我们也不应废掉自己直接感知的能力。虽然拍下了一张照片，但当时活生生的场景我们肯定无缘再见。轨迹记录软件追踪行程，让我们知悉自己的生理信息，但是我们再也无法看到当时途中的那片森林。长此以往，我们可能还会忘记如何直接感知自己的脉搏和心跳，无法用这种方式判断自己到底能跑多快。

甚至有时，我们根本不会进行事后反思，所谓的"为了事后回忆而记录"完全成了一种仪式：这里有些值得一看的事情——仪式性地掏出智能手机——"咔嚓"——离开——忘记。拍的这么多照片中，又有多少张真的会被我们再看一遍呢？玛利亚广场上壁钟表演的那么多录像，事后又有几段还会被我们欣赏一番呢？人们要听多少次钟声，才能说壁钟表演值得一录呢？这些美好的时刻，不去和我的伴侣一起牵手度过，却要手握智能手机度过，这真的值吗？

> **如何变得不幸 6：**
>
> **不思考——不感受——拍照！**

体验，常常被转移到事后反思层面。然而，当时的体验却并不能得到真正的反映。人们以为技术是一个放大镜，能让我们把握住幸福，并让幸福感来得更强烈，幻想以它为基础就能更有意识地进行探讨分析。但是在这一层面（反思、记录）的探讨分析，往往会成为直接体验的负担。活在当下，用我们的感官直接地感知——这是一种能力，当今许多人都想通过正念训练重拾这种能力。技术让我对自己的体验有了特别多的了解。但与此同时，我也错过了体验本身。

对碎片时间零容忍

我们因为技术错过的，绝不仅仅是那些重要的幸福时刻。日常生活中那些微小的时刻也总是被我们忽略。直接感知幸福的能力受到压抑的另一种情况，是回避周围的世界，让我们即使再看第二眼，也没有能力自由识别出意外的幸福时刻。那些时刻正在离我们远去。技术将万事万物串联起来，创造了新的结构。比如，随时陪伴我们的音乐，仿佛把我们置入了一个"结界"中。在公交车站等车的独特时刻再也不存在了，乘车出行的独特时刻也不存在了。过去，人们每天早上站在公交站前，会准确地观察周围的环境。谁和我同乘一辆公交车？今天谁没来？车站是不是又贴了新的广告？周围楼房哪间屋子亮着灯？当然，人们没有理由必须知道这一切——但这不就是赋予我们这个世界独特魅力的那些微小而"毫无意义的"细节吗？

以前，人们接触的世界就是它本来的样子。之后，索尼公司的 Walkman 随身听出现了，占据了我们听觉上对世界的感知通道。后来，随着任天堂公司 Gameboy 便携式游戏机的问世，人们视觉上感知世界的通道也被占据了。而智能手机的影响更广，它想要接管一切。不仅仅是感知，我们的思考也不断围绕着数字世界中发生的事情而进行。沾上了脸谱网，要再想和它说再见，可不像戒掉"俄罗斯方块"那么简单。它还会为你不断推送前男友的新鲜事，让你应接不暇。你甚至还差几米就要到工位了，还要绞尽脑汁去琢磨，图片里前男友身边那个红发美女到底是谁。春天来了，路旁开满了鲜花，小松鼠在树梢上窜来窜去——这些你根本都没有察觉到。

如今，技术填满了一切空白地带，占满了所有的真空，让其间可能产生的无聊之感荡然无存。但是，那些意料之外的小小的幸福时刻、新的体验和发现，原本可以从游移的目光和对周围世界信马由缰般的感受中脱颖而出，但现在也因技术而被埋没。在我们这个由技术主导的环境中，属于新思想和创造力的空间需要被有意识地重新夺回来。没有人还像以前那样散淡悠闲地坐在公交站旁，没有人还像以前那样漫无目的地消磨时光，在咖啡厅等待约会对象时没有人还能悠然自得地坐在那里。智能手机就像一个结界，随时将人们从现实世界中剥离出来。"人在心不在"的感觉可能不错，但这也会形成生理反射。我们再也不习惯环顾四周，看一看周围环境能带给我们什么。

> **如何变得不幸 7：**
> 永远别让自己闲下来。无论你在哪，技术都陪着你。抓起你的智能手机，将自己从周围环境给你提供的一切中抽离出来。

就连无所事事、百无聊赖的周日上午也变成了过去时。只要没有计划今天要干什么，我就会坐到电脑旁，或者更舒适一些——窝在沙发里，手捧着平板电脑。这种状态能产生什么创造力吗？可能性微乎其微。

女作家西蒙妮·布霍尔茨（Simone Buchholz）在她的文章《向无聊致敬》[①]中，将众多小型技术设备比喻成弹珠台，它们总想不停运转，阻止我们获得片刻宁静，不让我们闲坐下来放空自己。布霍尔茨对由此带来的"无聊感"的损失持批评意见，因为这会让人失去闲暇时光和创造力，这二者通常都产生于"无聊感"之中。

生活中个人创新的机会变得渺茫，西蒙妮·布霍尔茨把个体层面的创造力和性格培养的损失，归咎为不断号召人们成为行动

[①] Buchholz, S. (2015). Ein Hoch auf die Langweile. mobil – Das Magazin der Deutschen Bahn (11/15), S. 72-73.

主义者的社会风气——人们就是不应该再感到无聊。布霍尔茨认为，终日忙来忙去的"行动"，已经成为一种社会地位的象征。

但是有些时候，从"做某件事"这一意义上讲的"行动"，并不意味着创造，而是意味着消费。大脑不断接收着新的刺激，但我们却极少能借助这些刺激变得更有创造力，发明出新鲜事物。当然，互联网为创造力和创新性思维提供了空间。但与创造性活动相对立的，是数不胜数的纯粹的消费行为。

消费 vs. 创造

粗略来讲，我们在闲暇时通常会有两种行为模式：被动消费和积极创造。消费模式可以快速地实现短暂的娱乐，让我们不费力气地消磨时间。有时，这正是我们需要的。我们一天到晚承受着精神压力，与形形色色的人打交道，连徒步旅行都令人劳神费力，也确实需要外界给自己灌输些情绪。而创造模式的幸福感更为强烈，持续时间更长，但也更难以预测。一开始跳出来的问题是：我们想要由此创造出些什么？新的思想？一篇文章？一件艺术品？一件手工制品？我们想要提升运动能力？把面包烤好？规划一段旅行？学会一门新的语言？投身一项美好的事业？我们体内沉睡着一位作曲家，还是一位诗人？

当然，创造性的活动并不排斥技术支持。消费和创造的对立并非源于技术——同将消费限制在非技术的内容（比如图书和杂志）上相比，技术只是让进入消费模式的方法更为简单和多元。创造模式下的主要挑战就是耐心。或许我们没办法立刻知道自己到底要干什么，在经过一番尝试之后，我们却发现这件事并没有预想中的那么有意思，于是只得作罢。即使发现某件事是正确的，它也不会一直让我们感到幸福。尤其为了掌握一项新技能，我们要经过艰苦的学习阶段，还要对抗退步，最终才能进入著名的心流阶段[①]。因此，乌尔里珂·佐纳尔（Ulrike Zöllner）在她的《无聊的艺术》（*die Kunst der langen Weile*）一书中认为，心流对于没有耐心的人是关闭的。心流这种幸福的终极体验，是挑战和自身能力之间的最佳契合点。按照定义，心流在消费模式下是无法实现的。消费并不需要人们投入自己的技能。

> **如何变得不幸 8：**
> 　　永远不要让无所事事的时刻出现——否则，你或许会萌生一些有趣的想法，沉浸于创造模式，体验到心流，并创造一些具有长远意义的东西。

当然，没人能保证处于放空时刻就一定能产生些什么，就一定能唤起创造力。或许我们会呆坐在窗前，在沉思中向外望去，也并没有产生去做件大事的冲动。而人们原本可以利用这段时间

[①] Mental Flow，在心理学中指一种人们在专注于某行为时所表现的心理状态。如艺术家在创作时所表现的心理状态，是一种将个人精神力完全投注在某种活动上的感觉。心流产生的同时会有高度的兴奋及充实感。——译者注

观看一部情景喜剧。

人们避免自己在日常生活中出现放空时刻的另一个原因，或许是恐惧，恐惧与自己打交道。消费模式保证了我们不必面对自己，佐纳尔对此看法相似：无聊的危险性在于，它会让我们直面存在的问题。对这些问题的答案就是人充满创造魔力的活动。佐纳尔认为："我们用工作、行动、娱乐和消遣来填补存在的空洞和空虚，直到再也看不到任何空余的空间。"

消费模式随时听候我们调遣，内容丰富多彩。社交网站、博客、视频门户网站和新闻门户网站每分每秒都在更新内容。人们可以放心地说："在网络世界中，我们不必停止消费。"到底该不该停下脚步，这确实值得商榷。要知道消费并不是摆脱无聊的长期有益的方法。佐纳尔对此有以下的描述："谁要是想找到某项活动来消磨时间、消遣娱乐、驱除无聊，这项活动早晚也会让他感到无聊。"佐纳尔认为，这也是行动主义和享乐主义并非真正有效的原因。那些我们想要打发掉的时间，并不会被我们忘记。相反，它还会一直让我们芒刺在背。

消费 vs. 创造，这个问题反复出现，本就不是什么新鲜事，但技术让人们更易于选择消费模式并决定逗留其中。消费模式愈发无所不在。互联网几乎没有给我们留下自由感知的空间，我们也没有受过训练，以适应消费模式。互联网上再也没有空白地带了。我还没来得及进行自主的思考，就已经开始消费了；我还没有搞清楚我到底想要什么，亚马逊就已经给我推荐了那些最适合我的产品，当然还包括别人如何评价它；我还没能对最新的政治动态产生独立思想，就已经开始在新闻门户网站的评论中寻找"我的观点"了。我们消费的是其他博客访问者的评论，而非积极地在朋友圈子中讨论某篇文章。

有时候人们必须积极抵制消费模式。我们必须学会在众多扑面而来的内容之中发现自己可以激发的潜能。佐纳尔这样描述具有创造力的人："他们拥有一种能力，可以从自身之中创造出主动的刺激。或者，对于能激发他们的那些刺激，不是以消费的态度，而是以创造性的态度去对待。"

但是，消费模式下的人们往往觉得一切都是手到擒来的，这一点很危险。在这种模式下，人们很快就会陷入无益于自身幸福感的活动中去。就像访问脸谱网一样，事后人们会觉得这是对时间的一种浪费，心情会变得低落。创新需要耗费精力。为某件事投入精力，但却没有意识到自己的投入，也不去扪心自问到底想不想这么做——这种事情很难发生。从事创造性活动的人，其行为都是有意识的。完成了一件艺术品，或者烤好了一个蛋糕，最后却质问自己："我到底为什么要这么做？这纯粹是浪费时间！"这种事情寥寥无几。相反，在网上闲逛 3 个小时却对自己的行为丝毫没有察觉，也没有意识到自己到底想要干什么——这种事情比比皆是。

人间烟火气,最抚凡人心

幸福,并不容易做到。正如前文诸多事例所示,我们以为技术有许多种方法能够加深幸福感——通过一张完美的照片,通过脸谱网上的点赞,通过健身监测设备反馈的点滴进步。但必须小心的是,面对众多加深幸福感的可能性,我们不能忘了体验当下幸福的每分每秒。

技术应允了我们这么多美好的新的可能性,但这更像是一笔有得必有失的交易。想要留住某些事物,就意味着要失去其他一些。想同时做到不失去对当下的感知,不失去意义,还不放弃社交互动,是不可能的。和胶片相机、纸张笔墨等传统的记录形式相比,这个问题在数字化摄影和监测记录工具上体现得更为严重。当然问题并不在于数字技术本身,而在于众人患上了一种"记录妄想症",其后果就是:人们想要完全占据每一时刻;想把自己的感知放进一个数字化的坐标系中;让人与人的社交关系变成一张大合影;数码照片汇成的照片流让每张照片的价值越来越低;可穿戴的记录设备让我掌握了每次运动的概况,但到头来只留下了一个不知所措的我。

最后,看一则令人鼓舞的小故事:

回归当下成为一种潮流

我在圣诞集市上遇到一位朋友,和她聊起了上周末的圣诞聚会。

"聚会怎么样?"

"棒极了!来了许多人,吃得挺好,音乐不错,气氛也很热烈……很美妙。"

"你们没在网上发照片啊?"

"我们根本没拍照!"

"啊,那可真是一场名副其实的好聚会啊!"(我笑道。)

"是的。"(她也笑道。)

还有这种聚会?聚会上的幸福感能让人们忘掉一切,甚至忘了拍照片?

CHAPTER 2
—— 第二章 ——

技术决定意义
从自我提升到自我迷失

晚上七点我和丽莎约了一起锻炼，我早就期待活动活动筋骨了。运动一下，在这期间什么也不用想，能将我从办公桌旁忙碌的一天中解放出来。晚上六点半的时候，来了一条信息。

"对不起，我今天去不了了。工作一天，太累了。"

"不要啊，我们就随便运动一下嘛。就在草地上跑一圈，落日余晖正等……"

"是，挺美的。但我更想明天再去，等我状态不错的时候。我上周末状态就很好，我现在是我跑步圈里速度排名第一的，我可不想现在丢掉这个宝座。"

"那你今天就把运动手环放家里嘛。我们就随便跑一跑。"

"不，那还有什么意义。什么都没有。"

没被记录的事情，就是没发生，也就没有价值。某件事的数据能被记录下来，这件事才有意义。记录，成了目的本身，它挤走了原本能从这件事中产生的幸福感。如果谁更关注数据，而非此时此刻的体验，就一定会面对这些荒诞的问题：骑行路线 A 更漂亮，但是骑行路线 B 能让我们打破网络锻炼小组中的爬坡挑战纪录，我该怎么选择？一天的工作让我觉得自己并不很在状态，我该怎么办？我仍然要慢跑一圈，冒着记录里跑步速度下降的风险吗？或者就围着家门口的街区跑一小圈，至少让"每月跑步"的数值维持增长？

这就是技术意欲抛给我们的问题吗？我选择自己要参加哪些活动，会不会不再以它是否有益于我、我是否感兴趣为标准，而是以跟踪设备如何评价为标准？把智能穿戴设备上的高分，等同于跑步的快乐，最终可能比以前运动得更少了。在记录设备重度依赖者还在纠结的时候，抛弃了技术设备的跑步者已经迎着落日慢跑了……

令人惊讶的是，竟然有那么多人为记录强迫症所累。许多人手臂上绑着一个奇怪的黑色匣子，凑近一看才发现是一部手机。现在什么都不缺了，人们还能把手机当作运动负荷——虽然这种负荷只加在一边手臂上，不够平衡。我们甚至还能看到把平板电脑当作训练记录装置的运动员，把它放到实用的超大号腰包里随身携带。技术迷们也有自己的圈子，气氛融洽。在健身房里，你能看到许多运动者手臂上绑着发光的屏幕，坚定地遵循着技术的指引——你甚至会有种错觉，你身边全是一群上臂装有触摸控制设备的"机器人"。

显然，用于支持训练的"技术玩具"时常会妨碍原本的训练：许多智能手机装不进狭小的裤子口袋，常常被人们放在健身房的地上。即使谁能把手机硬塞进裤子口袋，他的动作幅度也会受到极大限制，毕竟还得不断提防裤子坠到地上，或者昂贵的手机从口袋里掉出来，被杠铃砸碎。于是许多人开始使用臂带，但它也会妨碍训练，还需要时刻防止滑落。那些没法用臂带的训练项目，就只能从训练计划中删去了。训练中使用腰包——这更不值得过多评价了。

手腕上佩戴的智能手环比较低调，通常被视作更小巧、更专业化的记录设备，可以作为替代设备提供帮助，常常还要辅以实用的心率监测带系在胸前。这是典型的记录设备依赖者的肖像：除了记录设备，身上不带任何东西，总是盯着最重要的运动参数，目不转睛。海边的风景有什么可看的？能比电子屏上显示出自己的进步更美妙吗？

相反，这些人认为：人们可以在跑步之后，惬意地在显示屏上看一看自己的分析数据——GPS能把跑步路线显示在电子地图上，上面还有人们想要看到的标有等高线的地形图和所有数据参数，这些都比大自然能提供的信息更为清晰明了。

但是，记录是必需的。互联网论坛上风靡的"拍下来，否则就没发生"（Pics or it didn't happen）已经演变成"记录下来，否则就没发生"（Track or it didn't happen）。

记录设备依赖者的典型姿态（Peter Atkins/Fotolia.com；Maridav/Fotolia.com）

量化，让你离目标越来越远

如今，记录生活中方方面面的个人进步变成了一种责任，对一些人来说，或许能让他们更加积极地踏上自我提升之路。它就像一张入场券，让人们开始对骑行感兴趣，或者参与到著名的"耐克跑步竞赛"（Nike Running Competition）中。跑步小组的成员相互比赛，他们在网上分享数据，同时相互影响，强迫自己跑出个人最好成绩。

但是这些持续的反馈、记录以及运动数据，真的总是大有裨益的吗？

> 我每周戴着脉搏表跑步两次。但我想立刻重获自由。这个脉搏表太蠢了，只会记录我跑多快，评估我的跑步状态。昨天跑得比今天好——多么简单粗暴的陈述！这个破表才不管原因呢——逆风，天气不好，我早上或者晚上不在状态，这都是客观因素。尽管我今天工作一天很累并因此不在状态，我还是挣扎着去跑步，克服了自己的惰性。它才不管这些。

除了这些不能显示客观情况的冷冰冰的数据以外，记录设备依赖者们还会遇到另外一个问题：这些记录信息通常根本不会让他们变聪明。正如华盛顿大学的一个研究团队所指出的那样[1]，许多记录设备依赖者面临的问题是，如何从大量被记录下来的数据中找到对他们有用的信息，获得新的见解或者采取措施改变现状。许多"显示出的"关联性是显而易见的，且用户早就熟知。比如这些信息："我周末睡眠时间更长"或者"我主要在我的住处和工作单位周边活动"。此外，每日的运动结果和具体行为之间缺少必要联系。我发现自己在周五的时候跑步最多——但是，多出的这些步数是怎么来的？在别的日子里我该怎么做才能跑相同的步数？针对这些问题，华盛顿的研究人员研发出对记录数据的"视觉切割"功能，即附加评估和信息可视化。具体而言，比如"行动式运动（步行、跑步、骑行和骑摩托车）的平均时间和工作日的关系"，或者"往返于工作地点的必需时间和天气的关系（适宜、多云、下雨）"。这些都将以表格、地图或者活动图表等方式描绘出来。

总体而言，参与者的体会是附加评估很有帮助。例如，有人重新认知了自我："如果路途超过3千米，我就更习惯于乘坐汽车。找到那个恰好让我放弃步行而选择乘车的距离是多少，很有意思。"还有的用户反馈："周二的时候下班早了一些，我觉得有点愧疚，所以我周三上班就早到了一些。我当时根本没

---

[1] Epstein, D., Cordeiro, F., Bales, E., Fogarty, J., & Munson, S. (2014). Taming data complexity in lifelogs: Exploring visual cuts of personal informatics Data. In *Proceedings of the 2014 Conference on Designing Interactive Systems*. ACM Press, 667-676.

意识到这点！"

是的，这很有趣，如果谁晚上下班走得早了一些，他第二天就会再把落下的工作找补回来。但是，为了得到这样的认知，对生活方式采取这样的技术化监视真的值得吗？暂且先不提这些似乎有些老生常谈的话题：通过自我记录获得的诸多认知，总是积极正面的吗？在2013年发表的文章《对量化自我的讽刺与再诠释》（"The Irony and Re-interpretation of Our Quantified Self"）中，人与技术互动领域的专家拉法尔·A. 卡尔沃（Rafael A. Calvo）和多利安·彼得斯（Dorian Peters）对"自我量化运动"的不良副作用提出警告，认为它会妨碍主体做出想要做出的行为改变。他们从社会心理学和动机心理学的角度进行分析，从以下两个方面进行了阐释：（1）对事件的再次解读；（2）为控制我们的思维和行为方式而付出的努力，可能会因"讽刺过程"而遭受打击。

再次解读意味着：同记录下来的影像相比，记忆从来不是对事件的准确反映，它一直在对记录下的事件进行新的、有所修订的解读。在再次解读的过程中，"锚定效应"（某段经历中最后发生的事件比之前的事件更令人印象深刻）等机制便发挥作用了。因此，记忆不是准确的图像，而是对过去的扭曲。这种机制有时是相当积极的：比如，这种对过去的"健康的"扭曲，让我们还能继续做令自己不适但却很有意义的事。

如果我们面对的是对自我的实际描述——比如"量化自我"，而非这种再次解读，那么这又意味着什么呢？

再次解读，即对过去"健康的"扭曲，会被准确的记录消除。事实如果得到了精确的分析和展现，它就不可能被简单地掩盖住。

如此一来，我们能从对脉搏的分析数据直观看到某段跑步路线到底有多么费劲——如果今天本来就感觉不好，那也没有办法。没有技术给记忆提供支持，我们的大脑就会主要记住那些积极的经历，比如在骑行爬坡许久之后看到山谷中秀美的自然风光，这让我们觉得这段骑行是值得的，下次还会重复这段苦中作乐的经历。

现在来谈谈"讽刺过程"。它会让主体想要做出的行为改变更难发生，而非更简单。对此，卡尔沃和彼得斯援引的一份研究表明，有些心理过程往往不会听从内心过于明确的愿望。它们就像顽皮的孩童，越让它们干什么，它们就偏偏不照办。它们令原本应该放松的受试者更加紧张，甚于那些并未获得相应指示的受试者；原本应该高兴的受试者反而更沮丧了[1]。参与戒烟训练的受试者，吸烟的念头原本应该得到抑制，最终他们反而比对照组吸得更多[2]。对行为进行监督和量化，自我提升的目标反而无法实现；相反，许多问题却暴露了出来。

自我提升这条路会走向哪里，西德意志广播电台的纪录片《我能不能……不完美？》（2015）也给出了解释。自我提升主义

---

[1] Wegner, D. M., & Pennebaker, J. W. (1993). *Handbook of Mental Control*. Prentice-Hall.
[2] Erskine. J.A K, Georgiou, G., & Kvavilashvili, L. (2010). I suppress, therefore I smoking: Effects of thought suppression on smoking behavior. *Psychological Science*, 2019(9), 1225-30.

者金要"完美地"利用每天的每分每秒,享乐主义者克斯汀想无拘无束地享受生活。两位女士相遇了,交换了各自的角色,用数个小时了解对方的日常生活。克斯汀现在必须像金一样度过一天的自我提升的生活,教练给她系上健身监测器:"从现在开始,您就上线了。"这个完美的一天以刷牙时50个深蹲训练开始,随后她还要继续在客厅里锻炼。Fitbit智能手环和手机配套程序发号施令,告诉她接下来要干什么。早餐是一份绿色的果汁,午餐是蛋白奶昔,只有在周末才能吃晚餐和碳水化合物。克斯汀对此的评价是:"牙完全没有用了。"这期间她还要保持工作中的完美状态,去健身房,毕竟金最喜欢的就是站在振动健身板上的那一刻。

金现在要体验克斯汀的日常生活,等待她的也是诸多挑战。告别了她喜爱的果汁,早餐时只能吃芝士面包——这是她通常只有在周末才允许自己尝一口的,但也绝不加黄油。而现在芝士面包上还要抹黄油——简直让人发狂。对生理数据的评估表明:两位女士的生活方式都不健康,二人都有压力的问题。此外,金还被检测出患有运动和进食强迫症,并且有患上慢性疲劳症的风险。

心理学家诊断:克斯汀属于"易满足者"(Satisficer)的类型,很容易因做成的事情感到幸福。金则是所谓的"最大化者"(Maximizer),从不满足。跳台滑雪运动员斯文·汉纳瓦尔德(Sven Hannawald)曾经是慢性疲劳症患者,他总结过"最大化者"的问题所在:总想取得最佳成绩的人,自然会承受巨大的压力。如果没有做到最好,他就不得不继续采取行动,内心充满不

第二章 技术决定意义

满和沮丧。这是恶性循环,因为他没有办法保证自己一定能获得幸福。金现在也意识到这一点,承诺会改变自己。她承认,人不一定总要做到完美,但至少要做到 80%。

归根结底,完美主义者金的问题肯定不是技术造成的。但"自我量化运动"这类风潮却让这种不健康的完美主义变得高级起来。控制自己身体的方方面面,连私生活也要按照严格的仪式加以管理,现在成了一种时尚。它们以小型技术设备的形态兴起并介入生活,直到某一天我们终于再也回不去了。我们再也不能简简单单地吃饭、睡觉、无所事事。脑海中的声音萦绕不绝——我的"自我提升教练"对此会怎么说?

从自我提升到自我迷失

实现自我提升并不一定非要通过跟踪记录。生活无所不包,多亏了互联网,一切问题都能立刻找到答案。但这些快速且大量的答案,不一定能让我们实现自己的目标。相反,在新媒体时代实现自我提升的道路上,我们经常忽视的却是自己上路的初衷——我们自己。

改变自己,是人生中最大的一个挑战。如果我们不加留心,技术会让这件事变得更难。人们的初衷是:我想让自己变得更好,我想深入剖析自己。但是,在与自己打交道这件事上,我们很快就会遇到花样繁多的奇技淫巧,并因此不堪重负。在互联网上,人们发布的博客全是关于美好生活的,但没有人扪心自问,到底什么才是自己想要的美好生活。我还没来得及深思熟虑，自己搞清（或和朋友讨论出）要向何处去，就已经先在互联网上找到一众"私人教练"。他们替我思考，为我指出一条明路，而我根本都还没有开动脑筋。一条已经被众人踏遍的老路，真的就是我的路吗？诚然，从他人的经历中吸取经验教训，是很有意义的。但是，先听一听谷歌、YouTube 或者咨询网站对某个计划怎么说，已近乎一种机械式的无意识反应，也会搞砸许多事情。通常，和挚友聊一聊让你辗转反侧的事情，或许对你更有帮助，即使他根本无法说些什么，他也绝不会让这件事变得更复杂。

有六种机制会妨碍我们在互联网上实现自我提升：

1. 在寻求自我反思的过程中，人们很容易迷失在金玉良言的丛林中

让自己的长处得到充分的发挥，好好生活，这个目标是崇高的。今天的我们想发现自我，让自己意识到想把生命中的哪些事情做得更好。幸运的是，书籍和互联网充满了关于美好生活的指南和其他人的亲身实践，有些会冠以"完美的一天"[①]这样的标题，让我们想进一步研究。但是我们并没有思考什么对自己真正重要，也没有在与朋友小酌时讨论过这个问题，而是没日没夜地挂在 YouTube 上，消费着一个又一个所谓"理想生活的精神导师"的视频。YouTube 很容易使人沉迷：每段视频下面都有一大堆推

---

① http://comfortpit.com/designing-perfect-daily-routine

荐视频，每段视频都一再向我们保证能提供有趣的内容，所以不应该错过。

> **如何变得不幸 1：**
>
> 　　寻找自我时不妨请教一下网上的大神！那些在线精神导师能给每个人都提供一个完美的答案。没有什么答案是你不能在下一段视频中找到的（如果没找到，就再看下一段）。

2. 接踵而至的过多帮助，会让自我提升之路拥挤不堪

　　任何人起心动念想要改变自我，帮助都会立刻迎面而来。我想幸福，但却变得紧张兮兮。我不再通过阅读一本书、一本杂志获得灵感——各种资助类门户网站会一次性给我呈上 50 篇文章，都是关于我如何变得更漂亮、更完美、更成功、更健康的。但如此众多的榜样让我应接不暇，不堪重负！我惊呆了！要做这么多事情！现在我还是先喝杯啤酒压压惊吧。

> **如何变得不幸 2：**
>
> 　　你对自己相当满意，但也想让自己变得更好。上网吧！你很快就会明白：你在各个方面都还有许多需要改善的地方。你可以变得更健壮，饮食可以更健康，发型可以更新潮，性生活可以更完美，你可以穿更环保的衣服，你也应该多关注工作目标。你没有任何理由骄傲自满。

3. 寻找解决方案时的错误顺序

先反思、定义目标、权衡实现目标的各种方案，之后再付诸行动。心理学上关于动机和行为控制的理论认为以下步骤具有特殊的意义，该步骤出现在"行动前阶段"，也就是行动阶段之前。"行动前阶段"将确定人们希望通过行动谋求哪种目标。该既定目标是接下来将要发生的一切的核心。目标具有激励性，它能控制我们的行为，调动我们的注意力，它对成功地做出改变具有决定性意义。但这个目标必须是真正的目标，它要准确囊括我们真正想要的东西。我们也必须花点时间去发现真正想要的东西。

我们对自己的目标认识得越清晰，就越能更好地做出改变。因此，心理学家丹尼尔·伯克（Daniel Burke）和P. 亚历克斯·林利（P. Alex Linley）提出了一种"目标训练"（Goal-Coaching），希望通过一整个训练周期，让人们准确地分析、定义自己的目标。"目标训练"的目的就是提升目标和个人价值之间的协调性，即"目标－自我一致性"（Goal-Self-Concordance）。接下来的步骤就是：制订行动计划，然后付诸行动。如果没有实现改变，通常就是因为我们急于求成，制定了错误的目标。

当今各色各样的媒体让我们忽略了重要的第一个步骤，颠倒了整个过程，在还没来得及有意识地决定我们的目标是什么的时候，为了好目标而提出的建议就已经让我们不堪重负，陷入行动主义的陷阱。反思和灵感变成了负担，成千上万的外界驱动力纷至沓来，我们必须艰难地筛选出什么是重要的。但此时我们并未想清楚是哪种内心深处的驱动力让我们产生愿望，想要做出改变。或许我们永远无法实现目标，因为我们一直在忙忙碌碌地将所有的金玉良言都付诸实践。

要想前进，我们就需要给自己留有一些空间，直面自己——只是和自己面对面，而不是看 50 段提问视频，也不是一下接受 20 份心理测试，更不是在心理互助小组进行"自我反思"。我们要做的事情或许会显得有些无聊，就像乌尔里珂·佐纳尔在《无聊的艺术》一书中所描述的"过于少的输入"，她甚至把无聊看作为自己与自己交流提供保护的避风港："关注健康的人会把无聊当作一片自由空间，在这片空间里人们不是在与外界的他人交流，而是向内与自己沟通。"

> **如何变得不幸 3：**
> 自己想要什么，不用琢磨太久。听听媒体的建议，然后就下手吧！

4. 因为执迷于追求平衡和完美而失去平衡

我们成长的过程中需要理想。但是那真的是适合你的理想吗？一切都必须达到理想状态吗？一切都处于平衡中？

对工作与生活平衡关系的追求是普遍的。不知从何时起，这种平衡为我们平添了不少压力。有人更习惯于在星期六一大早就把某封烦人的邮件发出去，也好过在整个周末心里都惦记着周一还要发邮件。人们应该记住,脑袋里不老想着工作也挺好的,和朋友聊天也不应该总是围绕着工作。我的工作就是我忙碌的一部分。

也有研究认为,提出"工作－生活的平衡"这个概念,本身就会妨碍幸福感,就好像工作并不是生活的一部分,我们需要争取的应该是"工作－生活的和谐"[1]。

还有人认为,如果我们能完美地度过每一天,系统地把每一天都设计得很完美,就能更幸福。乔恩·布鲁克斯(Jon Brooks)是一位企业家,同时也是一位博客达人,他为我们提供了一些指导性意见。首先,我们必须记录一周的所有活动。他首先推荐人们使用手机软件"aTimeLogger 2"完成记录,之后再使用"Meaning-Map"软件为各项活动分配重要性指数。接下来要让"Meaning-Map"为自己选择所谓的"完美的一天"来指导自己的日常活动。以乔恩为例,他每天早晨先要来一杯马黛茶,然后开始冥想。这天结束的时候,他会写一篇感恩日记,阅读一些轻松愉快的书籍。

乔恩也强调,他每天真实的活动并非完全符合这份完美的日程。人们需要灵活一些,理解这些有益的原则要比盲从于某份日程更重要。

但是,一旦产生了制订完美日程的想法,许多人就无法做到

---

[1] Tügel, H. (2015). Vom Wert der Arbeit. Geo Wissen Nr. 53, 2015, S. 138ß146.

第二章　技术决定意义

灵活地处理自己的日常习惯了。谁要是找到了属于自己的灵丹妙药（比如无麸质饮食、芳香疗法、蔬菜汁），他绝对会彻底依赖上它。就像前文提到西德意志广播电台纪录片中的自我提升主义者金，她向来无法忍受早餐的时候摄入一丁点碳水化合物，她还把摄制组给她提供的每一条路线，都（滥）用作一段慢跑路线（我们或许还记得，在这部纪录片里，金的任务就是体验一天她的"对手"克斯汀那种惬意的生活）。即使某一天真的废掉了，比如马黛茶喝光了，接受"不完美一天的训练"也未尝不是件好事。当追求完美成了目的本身，不完美似乎令人难以承受的时候，我们就荒废了人类最重要的一项技能。

> **如何变得不幸 4：**
> 　　要时刻谨记力臻完美。别老觉得自己已经做得够好了，要想想怎么才能做得更好。在背离理想时绝对不能有一丝心安，它只会提升你享受生活的能力。

5. 真正的努力再无容身之地

无论遇到什么问题，一切都能通过一个所谓的"十步方案"找到简单的解决之道。这些方案告诉你，如今改变并没有多难，你轻轻松松就能做到。"手机软件能处理一切事情"，这是当今时代的座右铭，它暗示了一切都很简单。如果做出改变让你劳神费力，那么你一定选了一款错误的手机软件。

> **如何变得不幸 5：**
>
> 　　所有事情都能找到一条简单的解决之道。如果这条道路还需要你劳神费力，它一定不是正确的道路。不必咬紧牙关硬撑，换另外一个吧，别错过互联网和手机软件商店给你推荐的每一款时髦应用。你终归会找到秘密武器。

6. 人们再也没有机会自我感觉良好了

　　在某一瞬间感到满意——下一秒就又觉得自己微不足道。诚然，追求完美这种现象绝不是在技术出现之后才应运而生的。但技术让攀比成了一件容易的事情，我有可能转眼之间就毁掉自己刚刚得到的幸福。当我自豪于每天都能沉浸在五分钟的冥想之中时，互联网立刻就告诉我，有的人每天能冥想十分钟。当我掌握了一门新的滑雪技巧的时候，网上又涌来数千个视频，里面的滑雪达人们能做得更完美。我立刻就明白了：自己离目标还差得很远。

　　这里还有个问题值得思索，到底做了多少搜索调查才能让我感到幸福。互联网上的信息丰富多彩，我总能在上面找到有价值的建议，能激励我做得更好，但有时闷声享受刚刚发现的幸福，我会更健康。那是一种凭自己的努力做成一件大事的感觉，比如学会了游泳就仿佛整个世界都向我敞开了大门。

　　在没有新技术时代，不健康的自我提升也是存在的。但是互联网和那些致力于让我们实现自我提升的可穿戴设备,让我们再也不能对自己满意,也剥夺了我们静静思考自己真实目标的可能性。我们过于关注自我提升,却完全忽视了自己想改进的到底是什么,这辈子想要的到底是什么,"更幸福"的"更"意味着什么。

别管喜不喜欢,反正多多益善

2002 年,物理学家、哲学家史蒂芬·克莱因(Stefan Klein)在他的《幸福公式》(*Die Glücksformel*)一书中描述了这样一套神经机制,它让我们如程序设定一般,总是想要更多,即使这个"更多"根本不会真的给我们提供更多好处。比如曾经有这样一个实验:每张音乐唱片对应着没什么意义的点数,受试者为了将这些点数最大化,即使是不喜欢的唱片,他们也会因为这些唱片对应更多点数而选择播放[1]。美食优惠券的拥有者或许对这种经历并不陌生。德国有一种优惠券叫 Schlemmerblock,意思是点两份菜肴,其中价格较低的那一份可享受免单。怎么做才能省到极致?当然是尽可能地点昂贵且价格相近的菜品。"我这次才不会和你吃饭,你每次都只点沙拉。"有人会这么说。还有人会说:"比萨当然好吃喽,但是平时我们也总能吃到嘛。点比萨就不值了。"

---

[1] Hsee, C. K. (1999). Value seeking and prediction-decision inconsistency: Why don't people take what they predict they'll like the most? *Psychonomic Bulletin & Review*, 6(4), 555-561.

这就是最大化的问题。明明最合口味的也正是人们想点的，现在却变得越来越无足轻重。这也与史蒂芬·克莱因阐述的"多多益善机制"相吻合。获得的东西有多少益处并非该机制关心的问题——该机制想要的就是得到。持续的幸福感根本不是目的，只有以某种方式突破常规才最重要。

在前文提到的研究中，音乐唱片和点数就是这种现象的一个例子，来自芝加哥大学的克里斯托弗·赫塞（Christopher Hsee）称之为"价值追求"（Value Seeking）：一种对于想象中的价值的追求，即使它们是伪价值。某些事物一旦被赋予了价值，就将决定我们的行为。如果前文的受试者只需要在两张音乐唱片中二选一，那么其偏好是显而易见的。比如，受试者更喜欢听披头士乐队的音乐，胜于芭芭拉·史翠珊。但是当有人告诉他们点数和唱片有对应关系，披头士乐队的唱片有 50 点，史翠珊的唱片有 60 点，参与者往往会选择史翠珊的唱片。对"更多"的渴望让我们变得不幸福。诚然，芭芭拉·史翠珊的音乐肯定也很动听，但是不能选择更喜欢的唱片会妨碍我们获得属于自己的幸福。克里斯托弗·赫塞和同事们还研究了类似的现象，比如"媒介物最大化"（Medium Maximization）、"标准追求"（Specification Seeking），背后的原理大同小异：人们被分配了一个指标，然后不假思索地将这一指标当作标准，即使其背后的价值与个人偏好背道而驰，即使它无法让人感到幸福。如果人们能够问自己，哪件事做起来最愉快，人们就可以按照自己的个人偏好做出选择。其实每个人都知道哪种口味的冰激凌更合自己心意,自己更爱听哪些音乐,更喜欢去哪里郊游。然而一旦在这一过程中加入点数,人们就想把点数最大化,自己是否感觉良好,似乎就变得不再重要了。这一原理同样适用于许多电子游戏应用之中。在过去的电子游戏中,玩家只需要简简单单地拿高分就可以。但时下的游戏又附加了众多参数指标,供玩家进行"优化",从虚拟人物的数字化性格特征到虚拟农场里奶牛的数量。始终把提高点数指标当作重中之重——这是一条会让人上瘾的原理。也难怪,这么多人愿意将生命中的大把时间,白白浪费在《糖果传奇》(*Candy Crush*)或者《乡村度假》(*FarmVille*)之类的游戏上,甚至还要花费不少金钱,就为能快点在虚拟世界中取得进步。

> **如何变得不幸 6:**
> 多多益善!哪些事物能最大化,你就把它最大化。重要的是,你能在最大化中感觉良好。

因此,如果这些点数并不总能指向幸福,幸福还能直接被最大化吗?萨尔茨堡大学的宗教教育学教授安东·布舍尔(Anton Bucher)在他的《幸福心理学》(*Die Psychologie des Glücks*)一书中解释道,积极心理学中的那些令人欢欣鼓舞的幸福策略的共同点在于,它们都不是在直接追求幸福,而是把幸福当作美好生活(或称高尚行为)的副产品。直接以幸福为目标是一种"错误的幸福策略"。那些总是希望做出最优决定的人,比如在餐厅就餐时总要把菜单研究一通却"无法决定选哪款比萨"的人,通常更少感到幸福。一系列研究都表明,在消费行为和生活方式[1]中"追求最大化"(总想做出最优决定),越想实现幸福的最大化,最终就会越不满意。其他减少幸福感的因素还有在大量替代方案之间进行对比和社交攀比,不断地问自己"别人会怎么选?""别人或许会做出更好的选择?"。这是一种悖论:为了做出最好的选择,越努力、越想考虑更多的信息,就越不幸福。

很显然,互联网和社交媒体起到了助推器的作用,强化了这些会妨碍幸福感的行为方式。谷歌、脸谱网就像温床,孕育出我们在做决定时的不安全感、遗憾以及不满足感。当别人的幸福被脸谱网自然而然地以一种歪曲的形式展现出来的时候,这种消极的负面循环又会进一步被加剧。每个人展现出的形象都比其真实情况更幸福、更出色,在这座众人创造的竞技场上,所有人都是输家。

> **如何变得不幸 7:**
> 不要以自己的进步来衡量自己。不要问自己,什么能让你自己感到幸福——眼睛盯紧别人就好。只有当你的近况比别人好的时候,你才是真的幸福。

---

[1] Schwartz, B., Ward, A., Monterosso, J., Lyubomirsky, S., White, K., & Lehman, D. R. (2002). Maximizing versus satisficing: Happiness is a matter of choice. *Journal of Personality and Social Psychology*, 83(5), 1178-1197.

健身监测软件的优势很明显，因为它能够很好地分享成绩曲线。许多手机软件能够直连社交网络，将训练成果立刻发给亲朋好友。我们需要不断地记录自己的成功生活，不仅让自己看到，也要让别人见证。

循规蹈矩的自我表现

尼古拉斯酷爱摄影，特别在意构图、相机参数设置、灯光以及一切和摄影有关的事情。他可不是胡乱按按快门就够了，他很重视拍出来的照片。他是一位摄影师，拍每张照片前都会深思熟虑一番。尼古拉斯绝不会一气拍数百张照片，然后自诩拍到了有价值的内容，他更愿意花时间拍一张真正的好照片。就像那些胶片时代受底片数量所限的摄影师一样，他也更倾向于用这种方式拍摄。

不久前，尼古拉斯发现了 Instagram 这件宝贝。这是个好东西，能拍照修图，还能上传作品和大家交流——以及给人点赞。轻轻一点手机就能送出赞赏——这有什么不好的呢？不过，尼古拉斯很快就发现，实际上在 Instagram 里一切都围绕着点赞。照片早就被费尽心思地拍好、美化好，就为了获得更多的点赞数。如果某些类型的照片相较其他类型的照片能获得更多点赞，后续的照片内容就会被相应地加以调整。这还不算完，"标签"功能的滥用又人为地将"攒赞大赛"推向白热化。"标签"的初衷原本是用一些标识来描述图片内容，让人便于查找（比如，#海滩、#日出）。但是许多用户热衷于收集点赞，就出现了诸如"#like4like"的标签。其背后的意思是，你给我的图片点赞，作为回报我也给你点赞。双方达成了这样一种简单的共识，交换点赞，互相提升各自在"赞数排名"中的位置。究竟哪些照片更有价值已经完全无所谓了。

尼古拉斯很快就对在社交网络上分享照片失去了兴趣，因为这明显与他的初衷背道而驰，他想要的是交流好的照片。尽管尼古拉斯试图维持自我，但是他也不能免俗于对点赞的追逐。纵然人们完全可以说服自己不必在乎那些点赞，但是如果所有人都对点赞趋之若鹜——这就像一场数字化的克朗代克淘金热[①]，个人的坚守终究也是徒劳。尼古拉斯也变得对点赞上瘾。在意识到这一点后，他决定离开。当然，离开前尼古拉斯还有最后一个目标：比他女朋友收获更多的赞，哪怕只有一次也好。他的女友也经常上Instagram，总是上传一些更受欢迎的照片。"点赞数超过后就离开——就这么定了"。

> **如何变得不幸 8：**
>
> 　　抓住机会，把你的幸福转换成照片，再在 Instagram 上把照片变成幸福感。"速溶幸福"，转瞬即来。

[①] 1896年，人们在加拿大西部育空地区克朗代克河和育空河交汇处发现了黄金。这个消息一经公布，人们便蜂拥而至，这就是历史上著名的"克朗代克淘金热"。——译者注

技术传达的理想，到底由谁来决定

我们生活在一个充满理想的世界，生活杂志、女性杂志、男性杂志，上面充满了各种建议，教导人们如何接近目标并实现理想。理想常常以一种暗度陈仓的方式传达出来。所有杂志都不会反复宣称，变得苗条就是理想——这是人尽皆知的。取而代之的是，它们会直接给你指出一条通往理想的道路，比如饮食控制法或者新式训练计划。

数字媒体和技术有同样的功效，只是它们会以一种更微妙的形式在更多层面上起作用。没人见过白纸黑字的规定说 Instagram 上只有点赞才有意义。有人甚至可以愤世嫉俗地认为这是用户自发去做的，不能怪厂家。当然，点赞是每一个网络平台、每一项技术、每一款应用的功能，它们定义了众多框架性条件，用户就只能在其中活动。某些特定的行为会受到引导和奖励，它们出现的频率也会更高，但其他行为就未必了。

让我们设想一下，有这样一个以照片为主体的网站，上面不能点赞，没有地方评论，不显示某位摄影师有多少粉丝——只有图片。那会发生什么呢？或许漂亮的照片会再次回归中心位置？当然，这对许多"点赞狂魔"们来说肯定是一场噩梦。人们再也不能耍花招提升自己内容的重要性了——除非真的拍一些漂亮的照片。

在我们看来，现代技术和服务存在的最主要问题就是，各种

功能被提供给了消费者，但最初设想的功能（比如点赞）中潜藏的消极后果和副作用却极少得到关注。这部分是因为，这些结果或许本就不是制造者所能全面了解的，或者干脆它们就是被默认了的，借此来提升产品和服务的受欢迎程度。像尼古拉斯这样"傻白甜"的用户，投向这样的产品时就已经掉进了陷阱，这是他们始料未及的。还没来得及进行反思，一切就这样发生了。"照片被拍下来，就是为了收集点赞的"之类的理想一旦被建立起来，就很难再摆脱。

现实生活中本来也存在着这样的陷阱，只是数字化将它们提升到了一个新的水平。数字化世界里的陷阱是陌生的，数量也更多，更五花八门。始终与全世界保持联系的机制，将一切都变成了一场作秀，一个自我表现的大平台以及对认可的趋之若鹜。最终，技术将决定什么才重要。

CHAPTER 3
—— 第三章 ——

我的幸福适合发朋友圈吗
幸福的人生都是相似的

我仍然不想回答那个问题：暑假旅行的目的地到底是哪里。我对自己说了不知道多久："还没定下来呢。"当我没法再自欺欺人时，我预订了前往加纳利群岛的旅行，随即收获一片同情的目光。

"你们难道就不想干点别的事情？"

"我们很喜欢那里啊。要不然我们也不会还想再去，而且那里总有一些新的东西等着我们去发现。"

"去泰国旅行也很划算啊。马尔代夫也不错，如果不是旺季的话。看看，这是我们上次在热带雨林拍的照片。还有这些，和鲨鱼一起在南非潜水。这些是巴厘岛的史前蜥蜴。总是去加纳利群岛——你们真该来一次真正的度假！"

众多美好的可能性会变成负担。抓住一切，这本身就是一种隐含的压力。即使你本人无法理解别人为什么总是选择相同的旅行目的地，但你一定要贬低别人的幸福吗？"你们真该来一次真

第三章 我的幸福适合发朋友圈吗

正的度假"这种话,为什么不换成"喔,似乎你们真的很喜欢去那里啊"?但如今,在模板的条条框框之外,幸福已经没有更多自由空间了。仅仅为那些让我幸福的事情而感到幸福,这似乎过于乏味了。许多人脑海中对美好生活都有一个明确的定义,社交网络对这个定义的形成起了推波助澜的作用。于是脸谱网变成了一个平台,人们在上面探讨什么是幸福。幸福,是能让别人点赞的事情,是能吸引人眼球的事情,是能被别人读到的事情。如果人们愿意听从的话,这似乎就是完美的幸福策略:尝试一切事物,抓住一切可能,走遍世界。谁要是无视这个策略,相册里装的照片永远是同一个地方,他得到的就只能是网上无人点赞,现实生活中被别人摇头否定。

千篇一律的生活有什么意思

不断追求新鲜事物,生活就像一幅由脸谱网组成的拼贴画,越丰富多彩越好。生活就像一场电影,要让无聊无立锥之地,每天都有新故事。一成不变的事物和循规蹈矩的行动所带来的欢乐,都是错误的。对这种评价标准无须多加质疑。人们相信,更多的经历就会让自己更加幸福,却忘记了那些曾经熟识且珍视的选择。

但是,我们很快就会被这些多样性压得喘不过气。比如,诸多研究都揭示了"选择超载"(Choice Overload)这种现象,即选择的多样性对人造成的重负。甚至可供选择的各种各样的果酱都能成为一种负担。2000 年，研究人员希娜·S. 亚格尔（Sheena S. Iyengar）和马克·R. 莱珀（Mark R. Lepper）在他们的文章《当选择令人沮丧时：好东西多多益善吗？》（"When Choice is Demotivating: Can One Desire Too Much of a Good Thing?"）中提到了在超市进行的一次实地研究。超市的试吃摊位为顾客提供果酱作为试吃。果酱的种类每个小时都有变化。最初，顾客只能试吃 6 种果酱（有限选择），之后果酱种类增加到了 24 种（多样选择）。多样化的选择最初似乎更具吸引力。有 24 种果酱供品尝时，明显有更多的顾客驻足于试吃摊位前。面对这种"多样选择"时，每位顾客原本应该找到一种自己最喜欢的果酱。但事实并非如此，只有 3% 的顾客会在试吃后购买。而面对"有限选择"的顾客，明显更有购买的意向：多达 30% 的顾客会购买。虽然凭直觉来看，更多的选择更容易让人幸福，但事实却恰恰相反。研究人员还发现，在选择巧克力和选择作文题目时，人们的行为也呈现出相同的趋势。他们最终得出结论，最初颇具吸引力的多样化选择，实际上只会激发更低的消费欲望，造成决策过程中的挫败感，以及选择后的不满足感。

心理学家巴里·施瓦茨（Barry Schwartz）也提到了西方文化对幸福的理解，即将选择的自由宣传为幸福的关键所在[1]。施瓦茨

---

[1] www.ted.com/talks/barry_schwartz_on_the_paradox_of_choice

致力于研究这样一种矛盾的情况，即在当前物质极大丰富的社会中，每个个体都比过去拥有更多自由和更多选择的可能性，而抑郁和同类疾病却愈加流行。在施瓦茨看来，选择的自由并不会令人解脱，相反会让人束手无策。它没有让我们更幸福，而是让我们更不满足。

> **如何变得不幸 1：**
>
> 　　常常问问自己，你是不是还能拥有更多——还有哪些选项是你不知道的。将对多样化的追逐发展到极致，到头来你就什么都不想要了。

星巴克的广告语是"幸福在于你的选择"（Happiness is in your choices）——在无数的清凉特饮和乳制品中做出选择的时候，我们真能更幸福吗？这种感觉每个人都熟悉：站在柜台前不知道该点什么，最终又懊恼自己成功"避开"了所有的正确选项。责任——在尽可能多的选项中总能做出最优选择的责任，成了精神负担。在技术产品领域，这种现象比在咖啡柜台前更为明显。在当今无穷无尽的选择多样性和信息检索可能性的背景下，"消费者赋权"（Consumer Empowerment）实际上让消费者更难做出令自己幸福的决定[①]。我们也很难评估自己到底需要多少才能更幸福。

[①] Broniarczyk, S. M., & Griffin, J. (2014). Decision difficulty in the age of consumer empowerment. *Journal of Consumer Psychology*, 24(4), 608-625.

研究人员还提到了"功能疲劳症"（Feature Fatigue）[1]的现象，即人们在购物时会相信所购买的产品必须具有尽可能多的功能，这样才能感到幸福。事实上，实现幸福的最佳值远低于此。少量的选择就已经足够好了，但是最佳的数量往往被忽略并被超过。随着选择的增加，人们也就越来越难获得幸福。

> **如何变得不幸 2：**
> 　　不要问自己需要哪些功能，要问自己可以享受哪些功能。即使有些功能你这辈子都不会用到，即使你的产品会因此超负荷运转，甚至无法使用——不要紧，选择权最重要。

　　问题不是出在可供选择的品种上，而是其背后的想法：必须试尽所有的选项，挑出最好的，不满足于迄今为止的尝试。生活因此变成了一场自助盛宴，让我们不堪重负。

　　星巴克提供的各式清凉特饮也不是问题。问题是其中折射出的广为流传的价值，就点一杯咖啡一点也不酷。有价值的人，一定会想要些特别的东西，绝不能是简单的拿铁玛奇朵，也不能是加纳利群岛。即便飞往泰国的机票更贵，我们这些加纳利群岛的粉丝们也付得起。别人臆想我们的度假目的地无聊乏味，但我们没有必要为此辩护。

　　能享有那么多可能性，我们当然感到很高兴。这其实是一个

---

[1] Thompson, D. V., Hamilton, R. W., & Rust, R. T. (2005). Feature fatigue: When product capabilities become too much of a good thing. *Journal of Marketing Research*, 42(4), 431-442.

"何不食肉糜"的问题——对于世界上大部分人来讲，根本没机会考虑可以去哪个国家旅行。但是以这种方式让幸福变成压力着实可悲。对许多人来讲，"好的，我们以后可能会这么做"或许并不是一个令人满意的回答。他们更看重的是尽早踏遍全球，征服全世界。经历本身不再重要，到一个新的国家旅游才更重要，哪怕只是在那个国家的机场转机。

> **如何变得不幸 3：**
> 　　所有的选项都要尝试一遍。俗话说得好，在生命的尽头，让我们遗憾的，总是那些没做过的事。请竭尽所能，能做什么就做什么吧！无论是什么事，即使这件事对你似乎毫无意义——至少在脸谱网上它是有意义的。

这种现象并不稀奇，消费心理学专家丹·艾瑞里（Dan Ariely）和迈克尔·诺顿（Michael Norton）将其称之为"概念消费"（Conceptual Consumption），即人们会有意识地、故意地做一些让自己不太舒服的事情，比如品尝异国风味的美食。尽管人们内心可能厌恶这些食物，但为了之后能显摆"呦吼，我现在终于也知道，'蝗虫沙拉'什么味道啦"，就也豁得出去。能够创造幸福感的经历并不重要，重要的是为经历赋予意义。人们看重的是在脸谱网上晒出新的战利品，或者为自己的经历再增加一个可以炫耀的资本，比如"游历过所有的国家"或者"品尝过世界上所有的菜肴"。完备自己的"经历收藏室"，觉得自己离目标更进一步，会使人陷入疯狂。我们不再询问自己正在做什么，或者为什么这样做，重要的是我们需要这么做。

这种心理机制当然也会被毫无保留地用于商业目的。我们或多或少都会有这样的经历，比如被某家超市吸引，成为忠实顾客，就因为那里能攒积分换优惠。再比如总是去某一家加油站加油，就为了有朝一日能攒够积分换一张糟糕的音乐唱片——或者更实用一些，换一张野餐垫。拿到了第一笔积分之后就想多多益善。至于这家超市是否真能提供最好的商品，突然间就变得无所谓了。为顾客创造一种幻觉，让他们以为自己取得了进步（术语：人工进步，Artificial Advancement），这种方法屡试不爽。美国一支科研团队的研究[1]也证明了这点。研究人员发放了300份洗车积分卡：正常支付8次洗车获得8个印章后，顾客可以免费获赠一次洗车服务。这种优惠并没有显现出特别的吸引力，在发出的积分卡中，只有19%被填满了。调整之后，优惠明显变得更具吸引力：研究人员将积分卡印章栏个数由8个变成了10个，其中两栏已经盖好了章，作为送给实验参与者的"礼物"。虽然获得免费洗车服务所要求的8次有偿洗车这一标准并没有改变，但顾客会认为通往目标的道路已经走完一部分了，这种印象极大鼓舞了实验参与者。使用了这种能令参与者认为自己取得了"阶段性进步"的积分卡，竟然有34%的参与者最终获得了免费

---

[1] Nunes, J. C., & Drèze, X. (2006). The endowed progress effect: How artificial advancement increases effort. *Journal of Consumer Research*, 32(4), 504-512.

洗车服务（即完成 8 次付费洗车）。

> **如何变得不幸 4：**
>
> 　　不要问自己在追求什么——重要的是去做！重要的是你离目标越来越近，无论是何种目标。

当然，这种机制不仅仅在洗车行业发挥作用。生活中，我们也有类似的举动。生活就像一张积分卡，需要被填满。在哈佛商学院任教的阿纳特·凯南（Anat Keinan）的博士论文描述了人们如何疲于填满自己的经历清单：人们决定体验某种经历，并非基于这种经历能带来怎样的快乐，而在于让自己的"经历履历表"（Experiential CV）看起来更漂亮。人们热衷于在冰雪酒店里过夜，而非在寻常酒店温暖的大床上；吃培根冰激凌，而非巧克力冰激凌。简而言之，人们把负面情绪和骇人经历照单全收，就是为了能在"经历履历表"上炫耀一下。脸谱网就是这样一种展示最美"履历表"的舞台，为了让激动人心的生活记录看上去更完美，脸谱网还推出了"时间线"，它就像一部电子编年史，记录了用户自己（以及朋友）的履历。

社交媒体上的幸福模板

所有这一切都对个人独特的幸福缺乏尊重。每个人都是与众不同的，能在不同事物中感受到幸福。比如，山地车爱好者常常

寒风刺骨中在冰河中冲浪——绝对是"履历"中一大亮点

无法理解为什么有人会喜欢骑公路车。并非所有人都必须从同一件事情中找到乐趣，重要的是要保持对他人幸福时刻的尊重。但新媒体上的评论和评价总是让这种尊重消失殆尽。技术创造了一个框架，鼓励某种特定形式的幸福经历。"展示你自己和你的生活，让我们看看你的人生有多么丰富多彩。"这类展示怂恿人们，要想变得成功和幸福，就是要去过所有地方，要有各种经历。当然，只有不断让自己的生活丰富多彩，"时间线"才会更漂亮。对着相同的海滩又拍了一张照片，这并不会带来改变。没有人受到强迫刻意把自己的生活按照脸谱网上漂亮的履历进行规划，但我们常常会发现某些惊人的一致性，这种一致性体现在人们想做、想拍照的事物，以及之后晒在脸谱网、**Instagram** 或者其他社交媒体上

第三章 我的幸福适合发朋友圈吗

的看上去还不错的事物上。或许,这样一个问题可以很好地验证当下是否是你自己的幸福时刻:"如果我没带着相机,我还会做这件事情吗?"

一些不必要的竞争也会由此产生。我原本只是想给某些人展示一下我的照片,但是就在我上传的这一刻,我的照片就要和其他人拍摄的海滩美景形成竞争。这些照片或者是我的脸谱网好友们拍摄的,或者是他们看到过的。突然,我自己的照片就变得平淡无味了。

> **如何变得不幸 5:**
> 　　最重要的是,使用那些能将你的幸福量化的平台。这让比较变得更容易:你不光能看到你自己有多幸福——你有多少朋友,你可以将多少美好时刻当作生活的一部分——你还能同时看到谁比你更幸福。

总而言之,利用脸谱网丰富日常生活,这是一个相当大胆的行为。本意是消遣娱乐的好事,往往会以让我们时刻精神紧张的循环告终。

用脸谱网调节情绪

8:00　睡眼惺忪的早晨,先看看脸谱网……

8:30　生气,竟然在垃圾新闻和牛皮大王们的无聊信息中浪费了30分钟。

12：00 午休，好久没发状态了，赶紧给午餐拍个照，又发了一条毫无意义的状态。

15：00 生气，有人对我的午餐冷嘲热讽——我可是特意来这家餐厅吃饭的。一群不知好歹的家伙。

22：00 再看看脸谱网，肯定能有些有意思的东西。

23：00 疲倦，今天已经翻到第十张小猫的照片了，还是没办法高兴起来。关电脑，上床睡觉。

23：30 躺在床上再速速看一眼脸谱网，用手机。

回想起来，许多脸谱网上的对话都是可有可无的。人们原本可以把时间节省下来，花在更有意义的地方。既然没有什么要紧的信息值得接收，为什么用户会如此频繁且持续地访问这个平台呢？每周访问一次难道还不够吗？

根据学习理论，这一现象能很容易得到解释：显然，脸谱网并非完全没有意义，它能不定期提供一定的回报。漂亮的照片、好消息、有趣的信息，这些都是促使人们访问该站点的积极诱因。但是，我们并不能准确预测什么时候能因为"访问脸谱网"而获得这样的回报。有时回报唾手可得，但更多时候则一无所获。行为主义学习理论将其称之为"间歇强化"，用白话解释就是"时不时强化一下"。学习理论中其他类型的强化还有"定额强化"，即对每出现一定数量的目标行为给予回报，比如每访问脸谱网五次。还有一种叫作"连续强化"，也就是对每一次的目标行为都给予回

第三章 我的幸福适合发朋友圈吗

报——脸谱网很显然不是这样。

就令人形成某种行为习惯而言，脸谱网提供的间歇性强化属于效果最好、最持久的强化机制。这种学习机制的特点就在于，即使强化早已不再出现，预期行为还是会持续存在。面对这种机制，人们不知道回报是否会再次出现。这一切不禁让人想起老虎机，它的运转也是按照相同的原理：把钱币投进去——打了水漂。但情况并非总是如此，有时人们也能赢钱。这些小恩小惠就一直勾着玩家，让他们在希望的驱使下从这件事中找到积极的一面。

人们当然可以提出反对意见：为什么总要批判地看待这件事？新媒体也能创造幸福的新形式，它由脸谱网上的点赞、Twitter上的关注和社交网络上其他形式的赞同所组成，更具体且更易实现。它也更容易让我们成为幸福的人。人们一直在寻找获得幸福的指南，现在至少找到了一些具体的着眼点。互联网上充满了各种教程，比如"七步微博涨粉"，还有许多可以参照的具体建议。这和所谓的"美国梦"有相似之处：每个人都是自己幸福的创造者。每个人都有机会一夜成名，每个人都有机会在脸谱网展示自己的人生。那么，让我们采取以下方法来分析：如果我们戴着研究幸福的"眼镜"观察，脸谱网是怎样的呢？当我们用历史上的幸福观去衡量，脸谱网又是怎样的呢？

幸福就是让别人觉得你幸福

让我们以一段专家意见开始分析。乔·海舍茨（Jo Reichertz）是杜伊斯堡-埃森大学传播学的教授，在他 2013 年的文章《幸福是消费品吗？》(*Glück als Konsumgut*？)中描述了大众媒体在当今幸福观念的塑造过程中所发挥的作用，并将其与希腊神话中对幸福的理解进行对比。

海舍茨认为，幸福的观念是随着时代变化而不断变化的，我们在这些观念的影响下与幸福的相处方式也在不断变化。其"幸福作为消费品"的基本论点认为，当今幸福越来越多地变成人们可以挣得或者买到的事物，变成"必须且可以展现给别人看的"事物。这与希腊神话中对幸福的理解截然相反：过去，幸福曾被视作是反复无常且顽固任性的，是可遇不可求的。幸福曾经就是字面意义上的"意外的幸事"。古希腊人的幸福法则是："如果你获得了幸福，不要到处炫耀，不要宣称这幸福全归功于你自己的成就。"今天，幸福法则却是另一番模样："人们渴望且应当向自己和社会展示自己是幸福且成功的。人们总有必要故意策划、描绘这种幸福。"

海舍茨在他的文章中描述了七种趋势，这些趋势描绘了从早期的幸福观到今天媒体时代的幸福观的发展历程。

1. 由赠予到强迫：幸福不再由外界给予，行为者可以通过某些事件"强迫"它发生。

2. 由期待到挣得：人们不再被动地期待幸福，而是主动地、系统性地赚取幸福。

3. 由"从容获得"到"即时满足"：幸福不再是一步接一步地获得，它最好立刻实现。

4. 由内心到外在：幸福不再通过关注自己的内心而获得，而要从外部获取。

5. 由隐藏到炫耀：幸福不再是宁静中的享受，而是戏剧性的卖弄。

6. 由小到大：微小的幸福越来越不能被称作幸福，只有那些宏大的且越来越大的幸福才是。

7. 由例外到惯例：获得一次幸福还不够，人们想永远幸福。

这些趋势让我们这些想要幸福的人越来越疲惫。海舍茨认为，就数量和同步性而言，幸福正变得越来越密集。"谁想变得幸福，或者让别人认为自己幸福，他今天就得比昨天做得多，而明天又要比今天做得多——这就导致在媒体（社交网络）上对幸福的追求变得愈发顽强且残酷。"

当然，吹嘘卖弄和表演幸福并非新鲜事。新鲜的是，今天我们拥有的机会越来越多，多得超过了对我们有益的限度。慕尼黑大学的艺术史教授乌尔里希·普菲斯特尔（Ulrich Pfisterer）在一次采访[①]中曾对此提出如下观点：大约550年前的文艺复兴时期出现了第一批个人画像，数量巨大。当时这些画像就已经不是对历史的真实写照了，而是为了"传递自我的一种特定形象"，并以此"追求某些特定的影响和目标"。在普菲斯特尔看来，脸谱网和文艺复兴之间的差别不在于对生平的自导自演上，因为画像的一个基本原则就是表演。"新鲜的是，当下每个人都能在任意一个能上传图片的社交平台上做到这点。"

在游戏中扮演不同角色，以及通过图像来影响现实，早在文艺复兴时期就已经存在了。过去，期待中的现实往往需要数月之久才能创造出来，现在的脸谱网加快了这一进程。我们想扮演的那些角色——聚会上幸福的女孩、位高权重的政治家、幸福的大家庭、女强人、成功的青年企业家、具有批判思维的思想家——必须不断得到新的认可。谁要是没让别人听说过自己，他扮演的角色就会显得不够真实。正如普菲斯特尔描述的那样，角色的扮演愈发与自身经历无关，更多地是与向外传递的形象有关。聚会不一定真的有趣，但是我发布在脸谱网上的聚会自拍一定要看上去有趣。

脸谱网并没有创造出这些需求，例如个人表演、炫耀幸福、超越他人等，但却将这些需求激发到了不健康的程度，远甚于其曾经的可能性，也超过了对我们有益的程度。所谓"超过了有益

[①] Einsichten-Das Forschungsmagazin, 2/15, S. 34-41.

第三章　我的幸福适合发朋友圈吗

的限度",不仅前文研究可以证明,幸福心理学角度的观察也能加以佐证。

古希腊人如果看到脸谱网,或许只会摇头否定。对他们而言,脸谱网似乎就是神祇对他们的惩罚,而非通往幸福的康庄大道。

> **如何变得不幸 6:**
> 　　给别人展示你的幸福,否则就不是幸福。别惜力,别迟疑,只有不断发状态,你的幸福才能保持活力。无论你的真实感受如何,要让你的朋友认为你是幸福的。

朋友圈里的幸福陷阱

幸福研究告诉我们的,不仅仅是大体上什么会让人感到幸福,也包括什么会让人不幸福。萨尔茨堡大学的宗教教育学教授安东·布舍尔在《幸福心理学》中搜集了一些"消极的幸福策略",它们也证明了这点。比如,故意谋求幸福、意图将幸福最大化、攀比的扩大化以及应接不暇的信息流。至少,就某些特定方面而言,许多新媒体和以技术为支撑的实践活动起了推波助澜的作用。事实证明,这更多的是幸福陷阱,而非人类渴望的幸运之事。

幸福陷阱其一:最大化的多样性

正如前文所言,最大化的多样性正是评价一份令人印象深刻的"履历表"(或称脸谱网"时间线")的核心标准。哈佛大学的营销专家阿纳特·凯南的研究描绘了追逐最丰富的履历是如何让人们对自己原本忌惮的经历趋之若鹜的。例如，他们能忍受身体上的伤痛，只为给他们的"画像"上再增加一段非凡的经历。单单是"我还没经历过这件事"的事实，就能成为他们大胆尝试的原因。乌尔里珂·佐纳尔还在她的《无聊的艺术》一书中探讨，生活中追求最大限度的多样性通常是怎样变得徒劳无功甚至适得其反的："在人的一生中，一切事物都应该是可能的，一切事物都应该有一席之地。对尚未发生与尚未经历的事物的无休止的追逐，反而让狩猎者变成了猎物。多样化的选择带来了动态的生命体验，它们不仅请求，还开始索要我们的注意力、能量、时间和兴趣……许多人为此耗费了太多的资源……谁想拥有一切，最终就只会落得两手空空。"①

即使并不是每个人都一定要将多样性发挥到极致，多样性也已经发展成了一种生活准则，许多人对此并不会提出质疑。多种多样的生活是否对我们有益，不再是个问题，问题在于如何实现多样性。像脸谱网"画像"要求的那样接受琳琅满目的刺激并追求新奇感，就会违背人体"程序"追求健康福祉的初衷。传统照片日历的节奏才更健康，即每月选出一张照片、一个值得回顾的特殊时刻、一段愿意与朋友们分享的回忆。照片日历每年都能成为圣诞节最受欢迎的礼物之一，也就不足为奇了。这是一种健康

---

① Zöllner, U. (2004). Die Kunst der langen Weile: Über den sinnvollen Umgang mit der Zeit. Kreuz. S. 123.

且有节制的传统——如果谁觉得每年只能从众多照片中挑出 12 张有特殊意义的照片是件难事，他就足以对自己充满活力的生活感到自豪了。但在脸谱网上，再也没人感到自豪，因为总有些人过得比你刺激，比你丰富多彩。假如我有朋友是空姐、空少或者在演艺圈工作，我简直就可以忘掉"幸福"这回事了。因为我的经历总免不了要和他们产生对比，而我只会相形见绌。

幸福陷阱其二：惊鸿一瞥

斜眼一瞥，往往就会落入另一个幸福陷阱。人们登录脸谱网，当然是为了看看别人在干什么，围观"朋友们"的生活。问题就在于我们根本无法做到中立地观察这些信息，更别提对别人的幸福感到高兴。相反，我们通常会对自己的幸福和生活得出一些负面结论。在一篇题为"他们更幸福，他们比我过得更好：使用脸谱网对感知他人生活的影响"（They are happier and having better lives than I am: the impact of using facebook on perceptions of others' lives）的学术文章中，两名美国学者格蕾丝·周（Grace Chou）和尼古拉斯·艾奇（Nicholas Edge）研究了使用脸谱网对评估个人生活幸福的持续性影响：使用脸谱网时间越长，实验对象就越觉得生活不公平。每周在脸谱网上耗费的时间越多就越相信别人比自己更幸福、过得更好。这种趋势在下面这类人群中更为明显：他们在脸谱网拥有众多好友，但在现实生活中却并不认识这些所谓的"好友"。想一想就会觉得很惊讶，这些人我在现实中根本不认识，我当然就更难看透他们自导自演的伪装。我们都知道不该全然相信互联网上的言论，也明白脸谱网上公开的信息是经过修饰的，本质上描绘了一幅与事实相比"更为幸福的"景象。虽然在理论上明白这一切，但是它对我们心理的负面影响仍然存在。虽然我深知那些照片都被美化过，或者照片上的女士根本不像她描绘的那么幸福，我还是忍不住会心生嫉妒。尽管我看到了这段文字——那种"我也想拥有"的感觉还是会从心头涌起。嫉妒是影响我们幸福感的最不健康的情绪之一。正如16世纪法国哲学家米歇尔·德·蒙田（Michel de Montaigne）所说："如果一个人想要的只是幸福，这没什么难的。但他若想要比别人更幸福，这就很难了。因为我们总是把别人想象得比他们实际更幸福。"把自己的幸福和别人的幸福挂钩，我们就只能走上一条注定失败的道路，也必然总会找到一位比我们更幸福的人。在脸谱网上，这一切来得比其他地方都快。脸谱网会促使我们把别人想象得比实际更幸福，甚至可以这么说，这正是脸谱网"自画像"的初衷：它不是为了让人们察觉到真实的生活——真实的生活我只会让最亲近的朋友在面对面喝咖啡时（尽管这也变得越来越稀少）察觉到。脸谱网就是为了让我看起来比实际上更幸福。可笑的是，脸谱网上的"幸福军备竞赛"没有赢家。每个人都相信别人的幸福感更强——最后就会产生嫉妒甚至认为生活不公等不健康情绪，而这些最终又会导致抑郁症等心理疾病。

幸福陷阱其三：为了"活动报告"而生活

用技术为全世界记录自己的人生——脸谱网开了这样一个头，不计其数的博客则将这一趋势发扬光大。当发博客成了最终目的，"报告"就会取代"活动经历"。正在经历某项活动的人如果已经计划好稍后要发一条状态或者一篇博客，那么他在活动中的心态就会有所变化，他更倾向于寻找活动中适于报告的方面。

一份针对"脸谱网更新"与人格特点之间关系的分析展示了报告的种类同我们自身及心理有怎样紧密的联系[1]。比如，自恋型人格主要报告体育成绩和其他成就，节食的成果也是广受欢迎的一个主题；而那些特别外向的人，更愿意报告社交活动。共同点在于：只为了活动本身而去经历，这远远不够——只有报告出来的活动才有意义。

从心理学角度看，人们不难理解脸谱网的发展。康奈尔大学的心理学家阿米特·库玛（Amit Kumar）和托马斯·季洛维奇（Thomas Gilovich）的一项研究表明[2]，人们常常认为无法和别人谈论的经历在某种程度上是毫无意义的。实验的参与者被要求从一些吸引人的事物中挑选并列出一份个人愿望清单。一半的参与者要在去特定的目的地旅游等吸引人的经历中做出选择，另一半

---

[1] Marshall, T. C., Lefringhausen, K., & Ferenczi, N. (2015). The Big Five, self-esteem, and narcissism as predictors of the topics people write about in facebook status updates. *Personality and Individual Differnces*, 85, 35-40.

[2] Kumar, A., & Gilovich, T. (2015). Some >>thing<< to talk about? Differential story utility from experiential and material purchases. *Personality and Social Psychology Bulletin*, 1-12.

则要从电子娱乐产品等物质性商品中做出选择。两组参与者还要面临以下两个预设前提：如果想实现清单上排名第一位的愿望，参与者就不能同任何人谈论此愿望；或者，实现排在第二位的愿望，但可以同别人谈论。"不能同任何人谈论"，这种限制似乎对物质性愿望一组影响不大，只有 33% 的参与者选择了实现清单第二位的愿望。而在经历类愿望一组，"不能同任何人谈论"的影响可谓相当严重。78% 的参与者选择了实现经历清单上排在第二位的愿望——尽管排在第一位的经历更吸引人，但是如果只能将其留存在自己心间，那么它就是不值一文的。

　　脸谱网正是建立在这种强烈的心理机制基础之上：一段难忘的经历，我们总想向别人炫耀一下。脸谱网制造的问题就在于，经历和报告的关系很快会发生反转：我们的经历并不总是很难忘，但我们还是想报告。结果就出现了一堆无关紧要的照片、废话连篇的评论以及夸大其词的故事。还有人将自己的生活视作持续的自我实验，并要不厌其烦地对其进行报告。例如，两周体验反消费、简单生活、共享消费等所谓新消费方式，也在群众中广受欢迎。互联网上的报告揭示了一些显而易见的道理：没有金钱的生活意味着早上再也没法买一杯星巴克咖啡了，还意味着 Zara 的连衣裙也不是想买就买了。谁要是期待着通过不断反思和冥想来领悟某些道理（比如，为什么有人会认为放弃金钱是值得的，或至少是值得一试的），那么他一定会失望。人们几乎不再给某些经历赋予对于个人的重要意义，分享这段经历就足够了。假体验（以及体验报告）之名，所有意义都会失效。

约会软件"Tinder"中的点赞评价会一直在资料库中流转。随随便便评价别人，这种现象是好还是坏，我个人的好恶已经不重要了。另外，以"评价别人"为目的，与在软件上认真寻找伴侣的人约会，这件事情本身到底道德不道德，也鲜有讨论。尝试、体验并且给出报告，这些行为以"为了科学"为借口大行其道。

此外，发博客对心理健康也无太大益处。一项针对互联网平台"Myspace.com"用户的研究显示，热衷发博客的人比不发博客的人更易沮丧萎靡、紧张、恐惧社交[1]。写（私人）日记对个人幸福的积极影响已经得到了很好的研究，但这样的积极影响似乎很难简单转嫁到博客这种网络公开日志上。一旦确定要公开描述一段经历，这段经历和你对它的感受都会发生变化。突然间，自己的事情更多地变成了公众形象。必须不断报告某件事只会让人产生压力。

记者卡蒂·克劳泽（Kati Krause）在文章《脸谱网造成的心理障碍》（*Facebooks psychische Störung, Zeit Online*, 12/2015）也指出了这一点，她详细报告了自己使用脸谱网和其他社交网络的经历，并最终出于个人心理健康的原因大幅减少了对它们的使用：仅仅是回想一下自己的经历，并且按照微博的意图将生活格式化，就已经让现在的她大为紧张了。尽管克劳泽对脸谱网——她认为

---

[1] Baker, J. R., & Moore, S. M. (2008). Distress, coping, and blogging: Comparing new Myspace users by their intention to blog. *CyberPsychology & Behavior*, 11(1), 81-85.

这是所有社交网络中最危险的一个——有这么多消极经历和尖锐指责,她似乎仍然无法完全放弃它。目前,她仍然保留着这样的声明:"有时候,我希望我足够强大,能够彻底删除我的脸谱网账号。"

幸福陷阱其四:规定好的幸福束缚

　　脸谱网和其他门户网站为我们规定好的有如束缚一般的幸福,本身就是一种危险。能不断对外报告自己的消息,隐含的前提是总有内容可以报告。这里指的当然是积极正面的消息,至少是激动人心的事情,或吸引人的、值得探讨的问题。但生活并非总是特别令人兴奋的。但许多博客运营商依赖的,正是生活中总有值得报告的事情发生。没有任何事情发生的博客就是僵尸博客。如果只有发了状态才证明某些事情发生过了,无形之中我也贬低了自己生活的价值。发状态不再与内在动力有关。所谓内在动力,是指为了自身目的而采取行动。按理说,人们报告某些事情,是因为想要报告它。但现在,外在动力的影响越来越大,也就是说要受到外在的刺激或在回报的激励下才会做出某些行为。人们报告自己的经历,只是因为现在必须得发一条新状态了。

　　相同的现象也存在于职场。心理学家福尔克·克茨(Volker Kitz)提醒人们要看清工作的本质,即时间和金钱的交换。克茨认为,痛苦之所以产生,就是因为大家总是在表演,仿佛情况与实际完全不同。工作中自我实现带来的持续压力会让人产生挫败感。即使做某件事真能让你开心，如果工作规定你要如何做这件事，它就不能再让你开心了。脸谱网上的幸福也如此。越被脸谱网迷惑，相信生活一定精彩纷呈，我们就越对生活感到沮丧，且再也无法找到生活本身的精彩。"点赞"引发的外在动力正在摧毁内在动力。

  这是一种众所周知的心理现象，不只发生在脸谱网上。在外部刺激的影响下，内在动力会持续性地受到破坏。同一件事情过去能带来乐趣，但一旦渐渐地叠加上了金钱或其他回报等外部刺激，它就再也无法带来乐趣。这表明，在没有充分考虑到"点赞""好友数"这类功能显著的负面效果时，就将这些功能镶嵌到现代技术之中，是多么草率的一件事。

  从幸福心理学的角度来看，我们需要批判性地审视脸谱网和其他门户网站推崇的活动，它们会让幸福岌岌可危。然而，脸谱网和其他网络平台的设计者势必不会偃旗息鼓。人们也不要期待平台会限制照片和状态数量——这些网络平台本来就不是为了让人幸福，而是提供一个空间，供人们相互攀比、彼此感动，它们再通过点击赚取广告费。最终，我们会因此不堪重负。

重拾享受幸福的能力

  谁有能力把世界上每一个国家都游览一遍？试吃过城里每一家餐厅？品尝过酒单上所有 153 种杜松子酒？其中 152 种都不合

我的口味，我会保持对第 1 种杜松子酒的忠诚。我们本来就乐于尝试和体验，绝不想固守单调。我们赞同这样的初衷，即人们需要不断做好事，但也不必被各种可能性带来的负担压得喘不过气。请尽情享受与老朋友般熟悉的事物在一起的幸福时光，发现生活中的美好。对"再消费"[①]（Reconsumption）的价值所进行的广泛研究揭示了我们的阅历是如何通过对书籍、电影和实地的反复

[①] Russel, C. A., & Levy, S. J. (2012). The temporal and focal dynamics of volitional reconsumption: A phenomenological investigation of repeated hedonic experiences. *Journal of Consumer Research*, 39(2), 341-359.

"消费"得到深化的,且总能从原以为熟悉的事物中获得新的体验。比如,有的人喜欢阅读,他第一次读某本喜欢的书或许是为了了解一段故事;第二次阅读时,他的注意力或许就转移到书的叙述方式上了;再多读几遍,他就会沉浸其中,享受这本书。有些人,更喜欢面朝大海,坐在最爱的沙滩长凳上,醉心于令人窒息的美景中,体验着独特的、近乎超验般的彻底宁静和自由状态,同时惊诧于同一片景色为何每次都能唤起自己内心强烈的情感。

谁又知道,或许这样的经历才值得发一条脸谱网状态?这至少是一种全新的体验啊!

CHAPTER 4
—— 第四章 ——

别关机,时刻保持联系
24/7,秒回信息

唉，终于结束了。我坐在火车上，感到筋疲力尽。又过了一天，没有一分钟自由时间是属于自己的，日程一个接一个。现在才能喘口气，看看窗外风景，这肯定能让我感觉好一些。但不知不觉中，我又把智能手机握在了手里。WhatsApp 来信提示音响了，有 4 个聊天的 23 条信息需要我看。此外，我还漏接了奶奶的 2 通电话，我还要再给家人发条短信，告诉他们我在回家的路上了。这就是我在火车上的"待办事项"。

无论在哪儿，我最爱的那些人离我的距离总是只有按一下手机那么近。现代化的通信设备在天南海北之间搭建了联系的桥梁，从而满足了人们在经典的"需求金字塔"中的基本的心理需求。美国社会心理学家亚伯拉罕·马斯洛（Abraham Maslow）早在 20 世纪 50 年代提出的"需求金字塔"，将保持社交联系视为幸福和健康的一个重要来源，紧随食物、性和安全需求之后。现在，技术让这样的连接更完美、更无所不在。"体验连接",电信公司这样承诺我们。诺基亚也遵循着"科技以人为本"(Connecting People)的座右铭。打一通电话或者发一条信息,人们之间的距离就变近了。你再也不会搞错孩子们刚刚去哪儿了,姐妹们近况如何,伴侣何时回家。其他人愿意主动告诉你,飞机平安着陆,火车又晚点了5分钟。毕竟,这就是手机的用途。

不过,时刻保持联系也是有代价的。无法在火车上休息倒还是其次,更糟糕的是学生之间保持联系带来的压力(他们还要承受课业负担……)、伴侣之间鸡毛蒜皮的争吵,或者社会交往方式的改变。一些例行公事般的做法和粗暴的举动,根本不是任何人最初想要的。然而一旦技术发展到了这一步,这一切就很难中断。这种幸福到底承受了多少由时刻保持联系所带来的痛苦,一时还很难说清楚。

首先要认识到,联系多得有些过分了——无论是对我们自己,还是对他人。我社交得越多、考虑别人越多,留给自己的空间就越少。无数次下意识地掏出智能手机,我又给自己留下多少宁静和反思的时间呢?什么都不做再也不是我们习以为常的事情了。而放空自己的那些时刻,正是力量、健康和创造力的一个重要源泉。

> **如何变得不幸 1:**
> 　　一旦有时间未被填满,请你立刻抓起手机,看看能和谁联系。不要留给自己任何安静的休息时间。

数字化联络的轻而易举，不仅损害了我们自己的需求，还让我们与他人的关系饱受折磨。偶尔一通电话，间或一条短信，都体现了我们对彼此的关注，可以加深联系和友谊。可一旦联系的间隔缩短，它们就会变得烦人、纠缠不休，甚至让人有被控制的感觉，越来越难以脱身。随时都能联系得上，也意味着不断被人摆布。正是技术实现了这一切。固定电话时代那种没接到电话就意味着"没在家"的情况，再也不存在了，由此还产生了新的问题。后文"社交准则和关机的（不）可能性"部分将进一步介绍。

营养学家常说这样一句名言："离开剂量谈毒性就是耍流氓。"少量的盐是生活必需品，一旦过量甚至会致命。相同的道理也适用于数字化联络，问题都和用量有关。不幸的是，技术有时很容易让我们"用药过度"。建立联系已经变得过于简单。时刻保持联系通常会在潜移默化中让我们彼此疏远，最终降低我们的幸福感。

假期？拿来吧你！

休假似乎是一个绝佳的机会，让我们在这场"社交马拉松"的中途休息一下，多给自己一些时间。诚然，日常生活中我们也能享受一个小时的瑜伽，不带智能手机。但人们什么时候才能做到在更长的时间里抛开一切，干脆让别人联系不到自己呢？这种特权，人们似乎在休假中才可能享受到。

尽管如此，许多人还是决定把日常生活中的忙忙碌碌，尽可能多地带到度假地去。拜无所不在的无线局域网（WLAN）所赐，无论到了哪里人们都能活跃在 WhatsApp 聊天群和电子邮箱中，和留在家中、办公室中别无二致——几乎就像没离开一样。这真的是我们想要的吗？

"唉，我还不如在家待着呢。"

丽莎和康尼去科西嘉岛徒步度假。与此同时，他们还在 WhatsApp 聊天群里追踪着他们"小群"的动态，群里是一伙待在慕尼黑家乡的好朋友。"天啊，他们现在组团去喝啤酒了。我们参加不了了。"

显然，人们本来就没办法同一时间既在科西嘉岛又在慕尼黑。曾经的你，度假并不会受到这类搅扰，人们恨不得永远待在度假的地方，忘记家乡的一切。今天，这几乎已成为不可能。想要远离一切，给自己的大脑一点闲暇的机会，拜智能手机所赐，难度只会更大。

> **如何变得不幸 2：**
> 　　不要把你的思维聚焦在自己以及你正在经历的事情上——相反，你要追踪别人正在干什么，想一想你可能错过了哪些事情，沉浸在不幸中吧。

我们周旋于两个世界之间，脑袋里填满了各自世界的想法和要求。我实际上已经离开去度假了，但仍然想着如何帮我最好的朋友处理她的感情危机。与此同时，还要用度假胜地那些秀美的景色充实我的人际关系。当然，拍照是免不了的——这是留给自己的纪念，也是写给待在家里的人的一份实况记录。在旅行中获得的印象，不再以完整体验的形式展示出来（过去，人们通常会在一次度假中拍 1~3 段视频，一目了然），而是直接从度假地一点点发布出来。

度假者使用的技术设备，揭示了假期生活是如何在与家乡的联系中发生着改变。

好好度假

几年前和闺蜜的那次度假，我至今记忆犹新。当时酒店里还不是到处都有无线局域网，只有大堂才有。每天早晨和晚上，我的这位闺蜜就会（与许多其他客人一起）朝圣一般来到提供无线局域网的区域，给待在家里的男朋友发当天的照片，当然还要了解家里的大新闻。我因此就有了大把空余时间。他们去连无线局域网，我就读书，好好冲个澡，再煮一杯咖啡，坐在阳台上欣赏大自然，什么都不做。好好度假。

把我们的思维拉回在家时那条轨迹上的，不一定只是和朋友

最受欢迎的酒店服务：无线局域网区

的联系，还有访问我们平时常去的门户网站（比如《明镜周刊》、《图片报》、heise.de、brigitte.de——这些都是人们喜欢浏览的）。又或者登录一下私人邮箱，再登录公务邮箱。这些微小的"导火索"足以让几乎被抛诸脑后的职场烦恼再次降临，就算面对最美丽的景色，大脑也很难从这些烦恼中解放出来，它又会飞速旋转起来。假期再也不是无忧无虑的了，费尽心思希望在假期中休息一下，连这个小小愿望也泡汤了。奥地利研究休息的专家格哈德·布拉舍（Gerhard Blasche）就建议人们这样安排假期：在精神和情感上与日常生活中的负担保持距离，多给自己点时间，少想点责任义务，最重要的是，远离惯常之物。

为了让假期（或者只是工作日下班后的夜晚）真正成为休息

时间，我们必须设立相应的边界。我们能做的，不仅仅是关闭联系业务的手机，还可以考虑降低私人社交的频率，赏赐给自己一些安宁。社交会成为诱发压力的因素，我们的日常经验不仅印证了这一点，许多科学研究也给出了证明[1][2]。比如，随着每天打电话、发短信和聊天数量的增加，睡眠紊乱、压力和负面情绪也会随之增加。

反作用也会接踵而至。例如，若想知道2015年11月时每个人是如何使用WhatsApp的，你可以看看当时人们都存了些什么。每位WhatsApp用户平均每月发出1200条信息——拜聊天群所赐，还会收到2200条信息。一条信息不会怎样，它既不会让人不幸福，也不会让人患病。可一旦聚沙成塔，原本出于好意的信息加上多彩的图片，就会转变为社交压力，对我们的健康福祉带来消极影响。上述研究也证明了这点。难道存储下来的每条信息，都不是获得更多幸福和健康的机会吗？

平均每位WhatsApp用户每天收发113条信息。这只是一个小例子，让我们看清数字化交流占据了日常生活多么巨大的空间。在这样持续的信息轰炸中，人们又怎能切换到休息模式？尤其是在假期中，我们本应该除了休息放松，什么都不想。

---

[1] Murdock, K. K. (2013). Texting while stressed: Implications for students' burnout, sleep, and well-being. *Psychology of Popular Media Culture*, 2(4), 207.

[2] Thomée, S., Eklöf, M., Gustafsson, E., Nilsson, R., & Hagberg, M. (2007). Prevalence of perceived stress, symptoms of depression and sleep disturbances in relation to information and communication technology (ICT) use among young adults – an explorative prosepective study. *Computers in Human Behavior*, 23(3), 1300-1321.

而现在，我们却还要把琐碎生活中的一大部分带到天涯海角，并且自己也想不明白，为什么在这样天堂般的美景中，都不能关掉手机。

> **如何变得不幸 3：**
> 　　关机是不可能的，只有懦夫才选择关机。不能因为现在是假期，就对社交洪流放任不理。让你的身体明白——尽管如此，它还是能获得休息的。

或许我们忘记了亲密关系和孤独隐居都有一个适当且自然的剂量。今天谁要是想寻求孤独隐居，他就得像参加一场大活动一样提前预订。人们不惜花费 3000 欧元参加一场阿育吠陀疗养，朝圣一般地在荒野之中度过数周，去寺庙里休假，就为了最终能找到自我。和"社交马拉松"保持距离，似乎首先需要一个名正言顺的旗号（"探寻自我之旅"）。仅仅因为在马略卡岛度假就关掉手机，这个理由显然不够充分。毕竟，关机这件事情有时候或许过于激烈了。但无论如何，我们可以问问自己，到底想把多少礼仪性的日常社交带到假期中。我们要怎样做，才能让假期成为一年之中最美丽、最惬意的一段时光。或许，在经历了假期中一段全新、陌生的（或者对某些人来说曾经拥有但被遗忘了的）经历之后，人们就会真正想要减少日常生活中的社交压力。

时刻保持联系，是一项基本权利

人们想在日常生活中少承受一些社交压力，但却发现这并不是容易做到的事情。没有人想把手机扔在一旁不理不睬，这只会惹恼亲戚朋友，新的压力又会接踵而至。

"你刚才在什么地方？"

错过了两通电话——朋友们就开始担心了，或者至少有些不悦。除非你有更好的理由，否则第三通电话可不能再错过了。你最好第一时间抓起手机，立刻拨回去。

"你终于来电话了，我刚给你发了短信，你妹妹也一问三不知……怎么了，你刚才在什么地方？"

"啊，没什么，我没带手机。"（或许我在散步，或许在城里，或许在床上睡觉，或许在别的房间。）

"什么？为什么？谁都联系不到你！"

能随时打通别人的电话、随时聊天，似乎已经成了一项基本权利。时刻保持联系，不仅是在工作中，也包括在私人生活里。许多人觉得不带手机就出门这件事简直是不可理喻，但这有什么不可理喻呢？时刻保持联系真的在任何情况下都是有益的吗？如果我想要身心放松地散散步，想关掉手机，让思绪信马由缰，那又怎样呢？或者，如果我想窝在沙发上，安安静静地沉浸在阅读的乐趣中呢？又或者我和一位阔别已久的朋友在阳台上坐会儿，喝一杯红酒呢？就算我不必立刻接听电话，铃声也打断了我正在享受的片刻安宁，警告我危险即将来临。

> **如何变得不幸 4：**
> 　　永远不要不带手机就走出家门。别再问为什么了，时刻保持联系是你的基本权利。

人们对于时刻保持联系有多么充足的理由，就有多么充足的理由把手机丢到一旁。错过一通意外的重要电话又有什么大不了的呢？"恭喜您，您的彩票中大奖了，但您必须现在就来领取。"这种意外却又极其重要的来电真能发生几次呢？至于让来电者不高兴——如果是我对他人有所求，而我又联系不到这个人，应该是我感到十分焦虑才对！

由小渐大的通信压力

谁要是想深入思考一下现代技术的陷阱，他身边很快就会簇拥着一众将技术彻底妖魔化的严酷批评者们。最典型的就是那些两鬓斑白的男士和白发婆娑的女士，他们认为过去一切都好，并对过去赞不绝口。他们神化过去，嘲弄当今的时代精神，并把责任推卸给技术。人们可以轻易地反驳这些批评者："你们要知道，现今就是这个样子。毕竟年轻人觉得这很好！"事实真的是这样吗？那些从未经历过没有互联网的时代的年轻人，只会看到随时随地保持联系的好处，而根本感受不到它的害处吗？

绝不可能！儿童和青少年也在有意识地反思并控诉着智能手机的消极影响，他们也忍受着社交带来的持续性压力。在德国北莱茵－威斯特法伦州媒体监督机构对 500 名 8~14 岁的儿童和青少年的调查中，这一点也得到了充分证明。与网上联系相比，其他行为，诸如和朋友们面对面交流和做家庭作业，都退居其次了。就连这些数字时代的"原住民"（出生在互联网时代的年轻人）也患上了"回复强迫症"并期待自己的信息能够立刻得到回复。每加入一个 WhatsApp 或者脸谱网聊天群，这种压力就会增加一分。禁止未成年人使用智能手机也并非解决之道。谁不能用手机无线上网，谁就会被排除在同龄人的社交圈之外，变成"局外人"。

无论是"数字原住民"还是"数字移民"，在试图健康地进行数字化交流时，都会面临同一种进退维谷的境地。技术提供了途径和可能性，却没有告诉我们如何幸福地使用它们。操作变得越来越简单，指尖点一点屏幕，就打开了一段视频。连老奶奶都开始发微信了。但要弄清这到底有多少好处，却越来越难。我们总给自己提许多要求，甚至有些还是过分的要求。

最终的问题是：数字化的联系在什么时候是"值得的"。数字化的社交什么时候会让人幸福？什么时候压力占主导地位？它能对社交和幸福体验产生积极影响吗？

第四章 别关机，时刻保持联系

科学对此的回答一如既往地模棱两可。但可以确定的是：数字化交流并不能代替真实的、直接的联系发挥积极影响。如果"线上友谊"是以牺牲真实的联系为代价的，后果则尤为危险。例如，斯坦福大学[1]的研究人员对 8~12 岁的女孩进行了一项研究，旨在了解"线上友谊"和"真实的"朋友（即所谓的"私人朋友"）对她们的意义。对积极情绪起决定性作用的，正是和真实的朋友直接对话的时间。反之，使用通信技术（比如电话或者网络通信）则更易产生消极影响：打电话和线上聊天越多，随后出现的积极情绪就会越少。此外，那些本来就很少和"真实的"朋友见面的人，在聚会时往往放不下手机，因此从人与人真实的交流中获益更少。朋友们相对而坐，却各自鼓捣着智能手机——这是现代对幸福的蓄意破坏。

> **如何变得不幸 5：**
>
> 不断滑动你的智能手机，找找新鲜玩意，即使是在和朋友们聚会时也要这么做。有趣的短视频、尴尬的脸谱网状态或暑假的上千张最佳照片——靠这些，你总能给聊天加点料。这样一来，即使大家几乎无话可说，也不会显得尴尬。

---

[1] Pea, R., Nass, C., Meheula, L., Rance, M., Kumar, A., Bamford, H., ... & Zhou, M. (2012). Media use, face-to-face communication, media multitasking, and social well-being among 8-to 12-year-old girls. *Developmental Psychology*, 48(2), 327.

破坏幸福（iko/Fotolia.com）

幸运的是，有各种各样的方法支持我们在聚会时摆脱技术的干扰——其中一种方法颇具讽刺意味，它正是通过技术手段实现的。新加坡的三位大学生发明了一款手机应用"苹果树"（Apple-Tree），如果朋友们在聚会时能把手机放到一旁不理，它就会给出奖励。两位（或者更多）朋友聚到一起，如果手机上安装了这款应用，他们的手机就会在聚会期间锁住。越长时间不动手机，屏幕上的苹果树就会长得越茂盛。

数字化交流和良好的友谊并非彼此排斥。如果将脸谱网这样的社交网络用于维护已建立的联系，甚至可以深化友谊。正如曼弗雷德·施皮策（Manfred Spitzer）在《数字痴呆化》一书中探讨的，尤其是对于那些"数字原住民"而言，社交网络反而更是一种次要选择，因为网络交友是以现实友谊为代价的。这一观点与最新的一些研究结果相符合，这些研究对比了不同世代对社交媒介的使用和幸福感的差别[1]：更为深入的线上友谊对幸福感有所裨益，这一点在年龄更大的一代人中更能得到体现。较为年轻的用户更倾向于拥有许多但不够紧密的线上联系，这或许会产生更多压力，而非积极感受。

最终，这些研究揭示了一项合乎逻辑的结果：社交网络、即时通信服务，当然还有电子邮件和电话，允许人们并行不悖地进行大量的联系和社交，比通过直接社交实现的更多。但是，单独联系的重要性也就下降了。脸谱网上最重要的是好友数量——但对于我们的幸福而言，友谊的质量而非朋友的数量才是至关重要的[2]。

因此，社交媒体和通信工具势必不是通往幸福和友谊的坦途。即使"数字原住民"从小就适应了这种方式，他们在面对无孔不入的社交时还是会左支右绌。适应，还远不意味着幸福。技术本身对我们的幸福造成积极或者消极影响并没有那么重要，如何使用技术才是最关键的。每个个体都需要为自己开发出健康的使用习惯。随着服务和技术的推陈出新，这也会很快变成每个人需要毕生完成的任务。

---

[1] Chan, M. (2015). Multimodal Connectedness and Quality of Life: Examining the Influences of Technology Adoption and Interpersonal Communication on Well-Being Across the Life Span. *Journal of Computer-Mediated Communication*, 20(1), 3-18.

[2] Bucher, A. A. (2009). *Psychologie des Glücks*. Beltz.

手机时代的夫妻关系

当技术介入人与人之间的关系时,要针对数字化交流摸索出一套健康的使用习惯就更难了。夫妻关系是技术上最简单的(一对一通信),同时又是最复杂的。夫妻相互信任,深爱对方,相互理解。借助 WhatsApp 这类的即时通信工具,爱人之间可以通过表情和动图,为信息赋予更多的情感表达——这是人们可以想象的最佳交流条件。然而正是出于这个原因,夫妻之间的数字化交流也常常演化为闹剧,尤其是在两人中的一方没有将技术的规则接纳为自己的交流规则时。第一时间觉得对的选择,可能随后就变成争吵的导火索。很快人们就会希望,要是当初从未踏上这条路该有多好!但是尝试"下贼船"又谈何容易?极有可能会引来责难和争论。

第一天

"你知不知道 WhatsApp 有了一个新功能?这个蓝色的小勾简直太棒了,现在我就能立刻知道你是不是已经看过我的信息了。"

"知道,哇,听上去很实用。"

第二天晚上

"你终于来了!你为什么没看我的信息啊?我还想和你去电影院呢。现在来不及了!"

"啊，我没看到，对不起。要是着急的话，你最好给我打电话。"

"行吧，常看看手机难道不也是一个办法吗？"

第三天晚上

"你在哪儿呢？是不是又和你的朋友们在路上？我给你发信息了！你都没回复——我可知道你已经看过我的信息了。"

"但这算得了什么？你只是给我发信息告诉我你想我了啊。我也很高兴看到你的信息。"

"你要是真高兴的话，你就应该也给我回个信息。"

"你把事情复杂化了。你知道吗，我真的没心思再给你回一大段话了。"

"你这叫什么话？"

"好吧，说实话，你写的太多了。我在工作啊，在开会，我不可能把每条信息都看了。"

"你肯定能找时间看！"

"即使有时间，我也不可能立刻回复所有信息。而且我本来也没时间回复，这样一来你就又觉得受委屈了。你知道吗，过去我回到家，我们先一起喝杯红酒，你再跟我说说一天经历的事情——现在呢？我时时刻刻知道任何事。"

"你对我不感兴趣了？"

"不是啊，但是我不想一天到晚都这样！"

"你就是不爱我了。"

落到这般境地，人们需要找到充分理由并花费很大力气，才能摆脱技术框定的道路。技术创造了一套行为的模板，而无视了它所造成的损害。付出些努力和创造力，人们就能排除数字化交流中的一些陷阱。互联网上还流传着很多提示和小技巧，教我们如何应对 WhatsApp 的"蓝色小对勾"。比如，如何把一条信息看完，而又不让聊天对象知道你看过了？方法就是先把手机调成飞行模式。这操作起来有些复杂，但面对技术强加的规则有悖于人们真实需求的现状，这不失为一种与之共存的方法。为了保持对技术的忠诚，人们还有什么不敢做的呢？实际上，这一切相当荒唐，技术最初旨在丰富人们的通信手段，但我们现在却在寻找方法，来规避技术强加的规则。

> **如何变得不幸 6：**
> 　　遵循技术的规则，同时也期待别人遵守：必须马上看信息、回信息。谁要是不这么做，只能说明聊天对象对他不重要。

是虚拟的亲密，还是真正的亲密

新时代，新技术，新挑战——夫妻关系也是如此。但是，从心理学的角度来看，是什么让恋人间的数字化交流变得如此复杂呢？难道这些新的可能性不是上天赐予的礼物吗——尤其是对于那些分居两地的恋人们。

● 7:22AM　● 7:22AM　● 7:32AM

● 1:22PM　○ 7:22PM　● 7:22AM

插图文字："点击就是说我爱你"（Kaye, 2006）

　　由心理学家和设计师组成的一支科研团队，研究了143个浪漫关系的技术设计概念，为人们提供了一个认识的角度[①]。他们分析的对象从"点击就是说我爱你"（点一下鼠标，对方电脑的状态栏就会亮起红点，然后渐渐变暗，2006年由Joseph "Jofish" Kaye发明）这样简单的技术，到ComSlipper（穿上居家拖鞋，伴侣的拖鞋也会暖和起来，2006年由Chun-Yi Chen及其团队发明），再到"遥远的拥抱"（恋人们穿着装有传感器的马甲，模拟来自远方的拥抱，2005年由Florian "Floyd" Müller及其团队发明），不一而足。

　　对这些设计概念的科学分析显示，创造条件为双方提供积极体验并真正提升沟通幸福感，是一项困难的任务。亲密关系——尤其是恋爱这种亲密关系，具有复杂且多面的心理结构。忽视任何一个侧面，都会迅速破坏整体体验。

　　最主要的挑战在于，在交流过程中，将一方持续表达感情的

---

① Hassenzahl, M., Heidecker, S., Eckoldt, K., Diefenbach, S., & Hillmann, U. (2012). All you need is love: Current strategies of mediating intimate relationships through technology. ACM *Transactions on Computer-Human Interaction (TOCHI)*, 19(4),30.

需求与双方健康的关系协调起来。就像前文 WhatsApp 的故事提到那样，恋人之间的交流通常是不平衡的，一方总是想交流，用短信息、"点击就是说我爱你"和其他表达爱意的方式对另一方狂轰滥炸——他当然期待另一方的回复。然而，另一方却很少回复、回复得很短或者言语之中毫无感情，甚至只是出于内疚才回复。真正的亲密关系不应该是这样的体验。表达好感的频率和方式上的不平衡，或许存在于大部分恋人关系中，而以技术为支撑的交流又加剧了这种不平衡。现在也没有任何庇护所是技术的长臂触碰不到的。一方面想要"忽视"，另一方面又"恐惧交流"，其中的问题显而易见。

"One"这一设计概念打破了这种模式。它是由奥地利林茨电子艺术中心（Ars Electronica Center Linz）的艺术家兼科学家小川英明（Hideaki Ogawa）设计的。"One"由两个半球组成，情侣二人每人一半。一方按下半球中间的梢子，另一方手里半球上的梢子就会冒出来。这是跨越距离表达亲密的一种方法，也传递了"我想你了"这样一种信号。这种信号只能交替发出，我只有在收到另一方的问候之后，才能把冒出来的梢子按下去。交流的节奏由双方共同决定。One 是一种极简主义的概念设计，虽然在传递信息的内容上受到了限制，但能很好地训练一对恋人"健康地"交流，并且有助于提高我们对另一方真实交流需求的敏感度。

设计一种在亲密关系中使用的技术，另一个挑战在于如何提供有关对方行为的信息，而非简单地控制对方。异地恋情侣常常

插图文字：One（小川英明等，2005）

惦念着彼此的日常起居，想看到对方的生活痕迹（比如像面包屑、到处乱扔的袜子和旁边房间传来的音乐）。或者只是想知道，他（她）就在那里。

同步台灯和同步垃圾桶（"SyncDecor"，Tsujita 及其团队，2007 年设计），或者咖啡杯（"Lover's Cups"，Chung 及其团队，2006 年设计），正是想要跨越遥远的距离传递以上这种感情的设计。看到台灯亮了，就知道我的爱人在远方也刚进屋，就像我一样——我们虽然天各一方，但却在做同样的事，这是一个神奇的时刻。但是，知道他（她）正在做什么，有时也会变味，成了一种控制、嫉妒和监视。这绝非有意之举，也绝无坏心。但如果他（她）的灯没有像往常一样在下午 6 点亮起，而是在夜里 2 点才亮，难道我不会注意到并产生某些想法吗？就像 WhatsApp 的在线状态一样，更多的信息始终可以成为争吵和猜疑的源头，并最终带来疏远，而非亲密。赫尔穆特·卡拉谢克（Hellmuth Karasek）

早在 1997 年就在他的《手握手机》（*Hand in Handy*）一书中描述过相同的现象，这种现象说明了手机在当时的普及性，以及其他技术创新对社交互动的影响。卡拉谢克描述了"整个电话时代的得失以及手机时代的悲剧"，包括座机到综合业务数据网（ISDN）的转变、呼叫记录的出现、突如其来的猜疑（"为什么给弗莱堡市打了这么多电话？"）、控制、不幸福。卡拉谢克描述的那对情侣意识到了它对婚姻幸福的威胁，很快就退订了个人呼叫记录服务。

时至今日，人们已不可能退订所有有碍幸福的信息。人们需要经过刻苦训练，才能避免让自己被有意无意的信息带入郁闷的旋涡之中，才能在亲密关系方面找到数字化的健康剂量。在研究提出的诸多针对"健康交流"的野心勃勃的设计概念中，最能让我们感到幸福的产品和服务并不一定会被投入市场。研究表明，聊天信息过多有害健康，但是供应商肯定会提出质疑：有多少用户会对一个限制每日聊天数量的"健康的"手机应用感兴趣呢？像上文提到的手机应用"苹果树"是一个正确的方向，它奖励在朋友聚会时不看手机的用户，让他们意识到数字化交流会让人们忽视直接对话。如果朋友们都在手机里安装了"苹果树"，就表明坐到一起的时候我们是真的想聚一聚，聚精会神地倾听彼此，不再理会数字世界里正在发生的事情。但这种对幸福有促进作用的手机应用，往往很难被大范围普及。显然，它只是一个大学研究项目，并不具备太多的商业价值。那些追求商业价值的人仍然会竭尽全力地为用户提供越来越多的数字通信功能和渠道，什么是对用户真正有好处的，他们并不关心。我们必须自行探索，发现影响幸福的威胁，在这片需要你时刻保持联系的海洋中不断维系自己的幸福，尽可能在个人需求、技术可能性和社交准则之间维持平衡。

关机是不可能关机的

满怀善意的朋友或许会推荐一些简单的方法来摆脱交流恐惧："要是你觉得信息太多，干脆就让别人联系不到你。我也觉得总和别人保持联系会让我发疯。"还有人的言辞甚至更加激烈。针对上文提到的青少年使用手机的研究，2015 年海瑟论坛[①]上有一篇评论指出，青少年经常感受到智能手机带来的社交压力。就算每部智能手机都配有一个关机键，而且还都有飞行模式，但显然并没有人使用它们。

事实真的是这样吗？我们不断受到信息的狂轰滥炸，到头来却蠢到连关机键都找不到吗？

现实要复杂得多。并非所有信息都是垃圾信息，通信列表里也并非所有人只发送无用信息。电话并不能区分哪些信息对我们很重要，哪些对我们有好处，哪些可以留到今晚再处理。选择彻

[①] Heise-Forum，德国新闻门户网站 heise online 上的一个网络论坛。——译者注

底放弃？一了百了地把智能手机调到静音模式或者彻底关机，就能带来安静了吗？很可惜，这在日常生活中毫无实用性。先不提错过真正重要信息的风险，"关机就行了"这类建议忽视了社交准则对我们的行为和福祉的影响力。在每个社交圈子里，比如同事、体育俱乐部或者宽泛的朋友圈子，都有一些力量在影响着内部规则的形成（比如轮流请客，过生日时送一份小礼物，和朋友而非上司聊婚姻中的难题）。这些规则并不明确，仅当它们遭到破坏时，人们才会意识到它们的存在。对规则的小幅度偏离尚能容忍，但如果谁过度背离这些规则，他就不再属于这个圈子，把自己排除在社交之外了。我们从小就了解这些，并且内化于心。因此我们会遵循那些并不完全让我们信服的准则——仅仅是为了留在这个圈子里。

  这一点，早在20世纪50年代，社会心理学的先驱所罗门·阿希[①]（Solomon Asch）就已经在一个经典的从众实验中揭示出来了。在一个群体内部，人们为了适应群体而感受到的压力，会让人们做出与自己感知完全相反的行为。阿希请实验参与者从三条长短不同的线段中选出一条来，这条线段的长度要和第四条作为基准的线段一致。客观上正确的选项是很明显的，选对的正确率应为99%。但只要人们在一个小组里表达自己的判断，他们的判断就会受到小组意见的影响。阿希让自己的助手伪装成小组里的实验

[①] Asch, S. E. (1956). Studies of independence and conformity: I. A minority of one aginst a unanimous majority. *Psychological Monographs: General and Applied*, 70(9), 1.

参与者，让他们故意选择错误的线段，混淆真实参与者的视听。小组做出怎样的选择，比小组成员自己的感知更重要。了解这一现象后再来看人们对社交媒体的使用，我们可能会发出这样的疑问：如果我就是想成为圈子里的一员，与众人保持一致，那么我为什么要反思哪些东西是对我有益的呢？

在数字化的社交过程中，人们能观察到大量这种社交准则：在 WhatsApp、Skype 和脸谱网等既定的社交渠道上保持联系，立刻回复，接受圈子里的"黑话"和习惯（比如定期发一些图片）。许多人会在上班时间在聊天群里讨论晚上做些什么，同时还会闲谈一些日常工作的琐事，交流一下同事们的八卦，或者聊聊昨天晚上的电视节目。只要这种行为方式确定下来，就很难改变，成员也不可能完全不参与其中。即使这么多聊天让我感到紧张，但别忘了，圈子总是有道理的。如果所有人都这么做，那这就一定是好的。如果不一起聊天，我就出局了。

> **如何变得不幸 7：**
> 　　大家都做什么，照做就是了。不要问哪些答案对我自己来说正确，只有遵循圈子的准则才是重要的。

从心理学角度来看，在圈子中的身份归属感是一个人自我价值的一个重要来源[1]。背离圈子准则，意味着自我价值的减损。当

---

[1] Tajfel, H., Billig, M. G., Bundy, R. P., & Flament, C. (1971). Social categorization and intergroup behaviour. *European Journal of Social Psychology*, 1(2), 149-178.

然，圈子准则的制订对于圈子而言具有积极意义，能带来一定的"生存优势"。圈子不会轻易瓦解，凝聚力得到加强，并因此受益。对规则遵守情况的监督是自发的，违反规则的人将立刻遭到他人的惩罚，轻者被排挤回避，重者甚至会被踢出圈子。

因此，人们完全可以理解为什么孩子们宁可忍受社交带来的负担，也不愿简单地把手机锁进抽屉里。关机，并不是一条容易的解决之道。

对于成年人而言，虽然他们能够有意识地尝试不被社交准则约束，但还是很难探寻出一条数字化时代的健康社交道路，甚至很难从现有的渠道中脱身。现在还有哪个大学生没有脸谱网账号吗？那他一定会举步维艰。许多学习小组甚至大学的官方活动都通过脸谱网组织。使用脸谱网的人肯定还需要脸谱网好友。人们或许可以试一试，从脸谱网中脱身，抵制系统的规则。给自己的账号取一个假名字，跟所有的老师解释一圈为什么要用这个假名。对添加好友的申请视而不见，向朋友们解释"我根本不想用脸谱网，我出现在这里，只是因为大学要我这么做，所以我在这里也不需要你的友谊"。

这一切可真够麻烦的。到头来，成为一名正常的脸谱网用户反倒更简单。对此，迈克就有这样的感受：

我本来一点都不想用脸谱网。
对于这种专为傻瓜和爱自我表现的人准备的东西，我总是抱以尴尬而不失礼貌的微笑。但是，有些大学课程的信息只能在脸谱网群组里才能找到。于是我发现，能在上面获得所有信息，这种感觉也不错。我甚至还能联系到许多小学同学。当然，别人给我写些什么，我也会很快回复。现在，我每天都要用脸谱网，通常是在早晨，作为一天工作的开始。

一项新的例行程序就此诞生了。每天都要有 20 分钟用来赞美熟悉或不熟悉的网友的照片和故事。这俨然已经成为一种仪式，有些人可能会觉得充实，进而难以割舍。前文的例子也表明了，我们的日常生活很快就会被这些活动填满，人们不会再有任何质疑。有时检视一下这些例行公事，或许会有些帮助：我想分配给某件事情多少时间和精力？哪些活动对我重要，哪些仅仅是习惯而已？有意识地尝试改变日常作息习惯，也能为幸福开辟一条新的道路：每周二早上赏赐给自己 20 分钟做瑜伽，而非用来浏览脸谱网；不要每天早上都沉迷于体育新闻，试试徒步上班，欣赏路上风景；上班时间不要总是回复聊天，专心工作，每天早下班 30 分钟。

从小事做起，解放自己

本章绝对不是在鼓吹停止数字化交流，而是要使人们意识到，所有的数字化交流都是以人们对此地此刻的关注为代价的。相互问候、打个招呼、联络感情——这些初衷很快就能实现。但我们会就此善罢甘休吗？我们还会再花费半个小时，把一些只言片语和花里胡哨的照片发来发去，实则言之无物。

本章就是向你发出邀请，请你试着审视自己的日常生活，尝试各种可能性，调整数字化联络的每日"剂量"，玩转社交准则。当然，首先你需要一定的训练。第一次尝试没有无线局域网的度假，一开始还是会有种孤独寂寞之感。清晨起来第一眼不看手机，清醒地把手机放在一旁，这有些难以适应，但本来手机上也不会有什么新的消息。真正重要的信息，我总能通过短信收到。比如，如果朋友发现通过 WhatsApp 找不到我，他一定会通过短信把"孩子出生了"这样的喜讯发给我。同样，如果热心的邻居想知道，最好在 10 点还是 11 点喂我寄养在他那里的猫咪，他也可以通过短信找到我。重要的信息总能找到出路，即使在 WhatsApp 的时代也是如此。

进一步的训练，就不仅仅局限在度假之中了。日常生活中也要尝试控制自己对智能手机的欲望。比如，许多上班族习惯于早上一起床就开始查看邮件。这真的能让人放松吗？提前知道办公室要发生什么，先人一步得到信息（这也算不上什么先人一步了，毕竟所有人都会在家查看邮件），真的有好处吗？非要挤出时间在出门之前查看邮件，这样做难道不会摧毁一座令人放松的避风港吗？人们完全可以在晨光中，静静地喝杯咖啡，听听收音机，和家人闲聊一会儿，为新的一天积攒能量。

当然，这样的尝试是有风险的。或许放弃查看邮件对某些工作来说是不现实的,有时这还涉及这样一个问题:人们如何理解职业精神。职业精神有时意味着永不缺席、永远第一、立刻回邮件。职业精神也可以意味着,我很重视用于创造和休息的自由空间;我对自己的工作很在行,因此我允许自己直到踏进办公室时,才开始全神贯注地应对当天新的要求。这颇具挑战。完全"一无所知地"坐在办公桌前,这需要你能信心满满地应对电脑屏幕上蹦出来的所有信息。当走廊里遇到的人满怀期待地问你是否看了邮件时,你敢简单回一句"还没有"吗?这够令人紧张的,但是绝对值得试试。

就个人层面而言,"正确的"行为也和个人的定义有关。有些人或许认为,好朋友就是要总为别人着想,回复每一条聊天信息。也就是说,在网上分别和许多好朋友聊天时,我都得像在面谈一样迅速接住每一句话。好朋友也可以意味着,我今天晚上出门没带手机,但回到家看到你给我发了一条信息,再回复你也来得及。当我们第二天晚上见面时,我全身心地投入和你的聚会,不会再同时在网上与别人聊天。

人们可以这样理解恋爱关系:一人出差或者独自度假时,需要和对方时刻保持联系,发许多照片,每天都和对方分享一切,至少每天打一通电话。但或许我们还能这样理解:仅在感到与对方心有灵犀或特别想分享某一特殊时刻时,我才会给他(她)发信息。恋人彼此分开一段时间,才会想和对方诉说更多。恋爱是一种真实的,而非数字化的关系。

第四章 别关机，时刻保持联系

CHAPTER 5
第五章

技术这张通行证
当技术将我们从尊重和
体谅他人的责任中解放出来

在南非的一次拍摄野生动物之旅中，卡洛琳运气不佳。她的照相机没多久就罢工了。电池没电了，太倒霉了。更令她生气的是，没有了设备，她也就没有了权利。她原本在车内占据了视野最佳的位置，现在也失去了。朋友们一致同意："让安娜坐过去吧，你在那也没啥用。"卡洛琳立刻被这番粗暴的言辞惹怒了，但她又从朋友们的目光中看出，她们都是认真的。她只能无言以对地溜到了后排。

不会有比这更显而易见的了。突然间，安娜的视野变得比卡洛琳的重要得多了，就因为卡洛琳再也不能通过相机记录一切，而安娜却可以。显然，用眼睛和相机一起去感知似乎能增加景观的价值，因此换座位毫无争议，毕竟安娜总是比没有相机的卡洛琳能"从当下获得更多"。最终，所有人也都能一睹安娜拍的风景。"更多的照片就意味着更多的积极体验"到底是否正确，还需要画个问号。本书"技术决定什么才有意义"一章就曾说过，相机视角会将一些东西排除在外。但是人们很少考虑得这么远。一旦某种行为通过技术达成，社交规范也就改变了。尊重和体谅他人的基本礼貌被抛弃了，人们除了遵循技术提供的各种可能性并将其贯彻实施，别无他法。其中隐含的意思是，如果某种选项是由技术创造的，那么它就是好的，比如在 3 小时的野生动物之旅中拍 3000 张照片。人们期待得到大家的支持，充分利用所有机会。

卡洛琳或许会想，要是能带上备用电池就好了。不仅为了继续拍照，更重要的是能得到与其他参与者一样的权利。

时至今日，人们也不期待什么别的东西。但就算没有期待，人还是会感到痛苦。技术让过去不可思议的事情成为可能，不仅是在功能应用层面，还在社交互动方式上。技术为那些能以数字化形式传达的体验创造了优先权。技术开辟了一片新的空间，为一种新的、永远不受约束的、粗暴的讨论文化提供了场所，而交流却遭到了破坏。我们因此陷入了一个肆无忌惮的恶性循环：过去还被视为不可接受和无礼的事情，现如今人们都习以为常了。来看几个例子。

技术带来特权

夜游特内里费岛，在泰德国家公园欣赏浩瀚星空。要想认出那些天体，夜色要足够漆黑——肉眼需要 30 分钟的适应时间。看到以前从未见过的银河，所有人都大为震撼。直到一些疯子掏出他们的 iPad，周遭都被点亮了。iPad 可以辅助识别星座。随后，又有人举起 iPhone 手机，打开上面的闪光灯。自然风光很壮丽，需要和朋友们聊一聊。因为这里有点无聊，人们并没有真正欣赏到群星……

转眼之间，许多人的体验就因为个别人的行为而被破坏了，或者至少被严重影响了。但造成这种不幸的人却浑然不觉——手机屏幕闪闪发光，严重影响了人眼对黑暗的适应。无论我们是否能察觉到自己的行为对周围人的影响，我们的罪责感一定很少，少于直接造成恶果的时候。正是技术导致了不幸。如果手机配有手电筒，就应该允许人们在黑暗中使用它。否则还能在什么时候用呢？

> **如何变得不幸 1：**
> 别管对周围人造成的影响——只管问问自己，你想要什么，你能让技术给你提供怎样的帮助。技术提供的东西，都是允许使用的。

当然，即使没有技术，肆无忌惮的行为也会存在。有这种倾向的人，无论手里有没有技术（设备），都会这么做，只不过技术设备让阻碍变得微弱得多。行为有时源于技术，毋庸申辩。在超市收银台结账时，你再也没有理由把收银员当作一个人来看待，更别提还要望着她的眼睛，跟她说一句"请"和"谢谢"了。她

第五章　技术这张通行证　149

眼中看到的，也不过是一个耳朵里塞着耳机正在打电话的"我"。技术就是一张免费通行证，使我们忽视潜在的直接交流对象。就像上周在街角面包房里发生的一幕：一位男士走进面包房，隔着几米远就向售货员喊出他想点的面包，与此同时他还戴着耳机打电话。可惜售货员并不知道，哪句话是冲她说的，哪句话是对电话说的。售货员也没搞懂这位先生到底要买什么："您想买什么？哪种面包？"但是她并没有得到答案，这位先生根本没意识到她在同他说话。他的心思早不在这了，电话另一头的人远比柜台后边的售货员更重要。他有些不悦地抬了一下眼皮，似乎觉得服务太慢了。售货员打着手势，疑惑地指着各种各样的面包。其他客人只能等在后边，但令人吃惊的是，他们却表现得十分理解。毕竟，这位男士在打电话。

> **如何变得不幸 2：**
> 　　专注于自己和设备，还要专注于电话另一头的交流对象。你周围正在发生的事情，你不必感兴趣——他们自然会明白的。

　　谁手里有设备，谁就无所不能。前几章提到的在名胜古迹前和风景区的"拍照狂热症"，就是这种现象的一个温和形式。你已经不可能就那么放松地站在那里，环顾四周。你总会闯入别人拍照的区域，因此不得不让位。别人摇一摇相机，你就知道，该腾个地方了，别出现在取景框里——技术就是一张通行证，有了它，很多行为自然会获得别人的谅解。愣愣地戳在那里，妨碍了别人

请为自拍杆留出位置（Kzenoa/Shutterstock.com）

拍照，这是多么无礼的事啊！你当然会给别人让位，直到每个人摆完所有姿势，全部拍照完毕。

新讨论文化：你、我和网上

社交方式受技术影响而发生改变的另一种表现就是新的讨论文化，其发生的基础就在于，人们发表的言论会与互联网上的对话相互印证。个人"经历报告"中缺少细节似乎让人无法接受，我们还没来得及澄清自己西班牙之旅的第三天参观的那座博物馆叫什么，以及现在到底有多少人说加泰罗尼亚语的时候，网上另一边的聊天"对手"就开始在椅子上蠢蠢欲动了。维基百科是人们特别喜欢使用的，它是世界上最全面的百科全书，囊括网络社区所有能搜集到的知识。出现在上面的东西，按理说也应该是真的。但很可惜维基百科也并非总是完全可信的。人们有时并不能很快找到正确答案，因为信息分散在整个页面，甚至前后矛盾。来看一看维基百科上关于加泰罗尼亚语的解释（https://de.wikipedia.org/wiki/Katalanische_Sprache）：根据页面右边的简介，加泰罗尼亚语有 720 万使用者。正文关于这门语言的传播的解释则声称，约有 1260 万人能够理解加泰罗尼亚语。再往下则写道，约有 1150 万人能够积极掌握这门语言。真够复杂的。我们没办法一句话说清楚，但至少我现在能跟别人聊聊我的假期和高光时刻了。对于讨论文化而言，比维基百科上这条无甚帮助的答案更麻烦的是，我的"对手"早就没在听我说了，因为他正忙着上网检索信息。

> **如何变得不幸 3：**
> 　　时刻准备好检索信息，智能手机不离手。认真捕捉下一个可能的关键词，以便开启维基百科，比你的聊天"对手"先一步搞清楚他的故事。

一个无关紧要的关键词就足以触发维基百科式反应，无论这个关键词是否处于论据的核心位置，无论这是否是我的本意——这一切都无所谓，只要启动了检索模式。再也没有空间供个人详细阐述观点、意见以及展开讨论。人们还没来得及真正倾听对方，就已经掏出了手机：网上是这么说的，本来就是这样。面对面观点的交流，变成了"你、我和网络社区"，而网络社区永远正确。

在寻求推荐和分享经历方面，网络世界的观点即使值得怀疑，也仍然影响巨大。如果我能在网上看到评价，我为什么还要对口耳相传的直接推荐感兴趣呢？无论是洗发液、电脑显卡、运动鞋还是酒店——网上某个地方都已经对这一切给出了评价。

网络论坛说得对

我终于说动塔尼娅来尝试一下滑雪了。她看了网上的几段视频之后，就跃跃欲试了。她并不想用我的滑板进行第一次试滑，而是想购置一套装备，下次度假时用自己的。但是买哪种呢？她需要在机动性更好的滑板和抓地力更强的滑板之间进行选择。我试图让她选择后者，尤其是在被众人滑过已经足够光滑的雪道上，后者她更好掌握。但我的努力失败了。网络论坛上的观点是，只有前者才更炫酷、更有乐趣。假期结束后，她这样回顾道："是的，真的很有趣，但是我被摔得很疼。我在单板上根本站不稳，雪道结冰之后变得更硬……"我忍住了，没有发表一通好为人师的评价。

第五章　技术这张通行证

塔尼娅这个例子中的论坛网友，绝非有意出坏主意。或许他们都是些身经百战的滑雪爱好者，按照自己的逻辑给出了建议。他们认为抓地力强同样会导致滑板倾斜，让滑雪者摔倒，不适宜初学者使用（对于技术细节，我们不想在这里深入讨论）。

和许多领域一样，对于滑雪板的讨论也深受主观评价影响，并没有明确的对与错。滑雪风格不同，雪道条件也千差万别。选择哪种滑板，最终还是和每个人的偏好有关。

为什么仅仅因为某件事是网上说的，它就更加真实、更加可靠了呢？为什么塔尼娅宁愿相信那些素未谋面的人，也不愿相信熟人的直接经验呢？这些问题很有趣且普遍存在。

或许有这样一个因素在作怪，那就是写下来的东西普遍让人觉得比说出来的东西更可靠。"白纸黑字"的概念在人们脑海中根深蒂固。人们似乎忘了，我们在互联网论坛上看到的那些"白纸黑字"，或许就是我们在路边小酒馆偶遇的人写成的。他们并没有进行扎实的调查研究，也没有专业编辑对内容质量进行把关审核，完全无法和书刊报纸盛行的时代的印刷文字相提并论，然而用网名在论坛上发表的观点却更容易让人信服。

一味地使用网络智能，最后会以讽刺的方式给讨论文化带来难题，尤其给只通过网络交流的人带来难题。即使是在和朋友 Skype 聊天时，为了检索信息而突然中断聊天的情景也并不罕见。别人给我发信息，探讨某个问题，突然对方就没有回复了。我的聊天伙伴放弃了与我继续交流，转而去搜索网络社区对这个问题的看法。不知何时，他或许又会发来一条链接，配上一段意味深长的话："哈哈，我早就说过了。"现在，为了重启讨论，我必须再读一遍，看看别人对此有何高见。

在此，我们又看到了通过 WhatsApp 这类即时通信服务进行交流的一个普遍特征：这类交流与直接对话或者电话沟通不同的是，它不存在明确定义的结束。网络聊天可以随时中断，然后再重新建立。传播学家彼得·沃德尔（Peter Vorderer）和克里斯托弗·克里姆特（Christoph Klimmt）在《时代周刊》上曾有一篇名为《新标准》的文章，里面将这种现象描述为"潜在稳定状态中的对话"，它伴随着这样一种感觉，即人们可以随时重新建立联系。作者在文章中探讨了这种现象对对话的连贯性和整体性造成的损害，但他们同时认为，"潜在稳定状态中的对话"可以增强人们日常生活中的联系和持久的亲密感。我基本可以同意这两点。但是，就像在任何对话中一样，建立通用的交流标准也很重要。如果是面对面的对话，我们就不会突然跑出房间。如果我们厌倦了和同事扯闲篇，我们可以用一句解释性的套话消失："嗯，我现在必须准备下一件事了，一会儿见。"电话沟通也有告别的方式。而在网络聊天中这些都是不确定的。回复一条信息时，我们不清楚自己承担着怎样的责任；如果较长时间无法回复，我们并不清楚自己是否必须打个招呼，或者找个理由搪塞一下。这种不确定性会导致网络聊天的双方抱有不同的期待，一方认为相当正常的行为，在另一方看来可能是粗鲁且伤人的。在 Skype 上不辞而别地掉线，对于突然被抛弃的聊天对象来说，无异于在一通电话中被突然挂机。

> **如何变得不幸 4：**
>
> 每次使用 Skype，一定要让聊天对象感到意外。释放信号，表明你迫切需要关注。提一些深刻的问题，让对方陷入沉思。别找借口觉得对方很忙或有紧急的事情要处理。不能松口，要让对方感到痛苦。对方就不能给一个简短的回复吗？之后你就可以开始表演了：突然离线。没有回复也是一种回复。

约定，可以随时更改

技术成就引发了交流的改变，它让约定随时都可以更改。人们拥有越多的交流途径可以随时保持联系，就会越不受过往发言的约束。我们的老熟人马丁就特别讨厌别人在最后一刻推迟甚至取消见面，他认为这很无礼，但他也不得不忍受下去。

美好的旧时光

过去大家说我们约定三点见面，之后就会准时相见。必须这样，因为别人一旦出发，我就联系不上他了，他也知道不能让我久等。一群人的约定也是这样。如果大家约好两点在足球场见面，所有人都会到。一群人都开始活动了，如果

> **如何变得不幸 5：**
>
> 永远让你的朋友们拿不准，给你自己留好退路。让别人感受到，你还有其他选择，你对那些选择更感兴趣。如果不得不做出承诺，不妨以极端情况为借口再推掉，或者宣称一切只是误会。他们信了你，并不是你的问题。其他人总会理解的，毕竟他们都是你的朋友。

伴随着自由和灵活性，不受约束也经常会成为压力因素。比如，约定了一次聚会——明天下午 4 点在冷饮店，那么大家就会对未来有一个具有约束性的共同看法。如果某人想明天去看电影，他就得反复思量："已经有了计划，不能再做别的事了。"模糊的约定既不是把话说满，也不是把话说一半。人们并没有因此真正自由，当然也没有因此爽约。模糊的约定占据了大脑每一片存储空间，因为只要人们没准确约定好，如何组织活动的问题就一直摆在眼前。由于众多模糊的约定中只有一小部分最终能成型，一切也就显得毫无意义了。

聊天记录——几乎约好了

丽莎（14:45）：嗨，今天下班后要不要一起去锻炼？你有兴趣吗？去上瑜伽课？（笑脸）

卡门（14:46）：啊，听上去不错。但我也不知道能不能去。还有许多事要做。

丽莎（14:46）：哎哟，瑜伽多有意思啊。

卡门（14:46）：我试试吧。我加快点速度。稍后再给你回复吧。

卡门（17:30）：我现在准备好了，我把和汤姆逛街的计划推到了明天。很期待一起去做瑜伽啊。（笑脸）

卡门（17:42）：瑜伽课什么时候开始？晚上六点半？

丽莎（18:11）：对不起啊，刚刚和同事去喝东西了，没看手机。刚喝得有点多，做不了瑜伽了（笑脸）不如约在下周吧！

卡门（18:11）：（哭脸）

最初以为约好了——网上聊天谈了各种不同的选择，可以这样，也可以那样，实际上对方还想找个时间去运动。再次端详才发现，这不过是浪费时间。人们在网上谈着那些几乎定好了的约会，消磨时光，却没有真的聚到一起。WhatsApp 聊天内容中有多少是关于个人的有意义的交流（比如：你最近怎么样？），有多少又是交流组织某项活动的（谁、如何、在哪里、何时、什么活动）？用 WhatsApp 交流是免费且不受限制的，虽然实用但却无助于尽快把事情落实到位。有时，人们不免会怀念过去通过手机短信交流的美好时光，那时基本上发两三条短信就能把事情说清楚。或者再往前追溯一些，怀念那个只能打电话交流的时代。

即使小圈子聚到了一起，也总处在摇摆的状态中。就在此时此地，人们还想听听别人在做什么；考虑一下，还有哪些地方值得顺道看看；衡量一下，别的地方或许比现在这个地方有更多好玩的。过去人们很清楚，我在聚会，我在和朋友们欢度良宵，我整晚都会待在这里。人们全身心投入当下。用今天的视角来看，在当年不被手机支配的时代，这样的夜晚不啻为一次训练注意力的机会。现在的人们的内心总是蠢蠢欲动，朋友们随时都会被外物吸引开去。就像在 YouTube 上一样，人们还没看完这段视频，就已经点开下一段了。我们忘记了如何忍受无聊的时刻，把它当作仍能学到新东西的一次机会。聚会的气氛还没调动起来，一半的人就已经离场了。参加聚会的人大概自己都根本没有意识到，或许正是这种"置身事外"的态度，妨碍了聚会气氛的调动。

彼得·沃德尔和克里斯托弗·克里姆特还发现，在"不受约束"这件事上，同时存在着积极和消极的方面：积极的观点认为，这有益于自主性和灵活性；消极的观点则认为这会造成忠诚度和责任感的丧失。这正反两面都没有错。最重要的还是要让大家了解游戏规则和事态情形。我们是否已经约定好了？说好了"我们周六晚上见"，那就意味着我们双方现在都会把周六晚上空出来，谢绝别的邀约——还是说，我们只不过是彼此的"备胎"，除非没什么更好的选项，我们才会约见？

互联网时代的克尼格行为准则手册

数字化世界提供的诸多可能性，构建了新的社交互动方式，比如永远不受约束，聊天过程中能随时在维基百科或网络论坛上检查聊天"对手"的论点论据，还有边打电话边买面包。新的可能性催生了新的讨论，我们觉得如何做得体，该如何与人打交道。这是数字化时代对《克尼格行为准则手册》的重启。作为对旧式行为准则手册的补充，除了良好的举止、社交行为规划以及相互体谅和尊重，我们还更感兴趣新准则如何从幸福和健康的角度出发，指导我们和别人更好地打交道。有趣的是，关于什么是得体、什么是幸福或者危险的观点，短短几年就发生了飞速的变化。

先让我们回到 1997 年。当时人们想上网，还需要通过昂贵的电话拨号，诺基亚还是移动电话市场的领军者，当时的货币还是德国马克。彼时人们还在批判性地探讨越来越多的数字化交流对社交造成的影响。赫尔穆特·卡拉谢克（Hellmuth Karasek）在他的《手握手机》一书中把所谓的"手机人"称为公共生活的喧扰分子和"电话恐怖分子"，他们只会招致轻蔑的目光，因为"他们活该"。卡拉谢克将社会对手机使用者的排斥，与对吸烟者以及拒绝垃圾分类和健康饮食的人的反感进行了比较。他最后提出一个问题："人们能想象这种人吗？他是素食主义者同时还用手机打电话。"

就算在几年前，人们也能第一时间发现某些看上去不合理的做法（这些做法甚至当时还被视作天方夜谭）是如何在这么短的时间内迅速被确立下来并得到社会的认可的。2010 年，女性杂志 *Petra* 上的一篇关于"线上一代"的趋势分析报告中，编辑们想要通过一份"可以做和不要做"清单为我们的行为提供指南。比如，发送电子版的聚会邀请，就是"可以做"的；而"不要做"的则包括，宁愿把时间花在电子产品上也不愿意和真人打交道。这篇批判性的报告还指出了社交所遭遇的威胁。文章中说，从女主人的视角来看，YouTube 会完全破坏与朋友们的聚会之夜，客人们的注意力突然都被网上可爱的小猫吸引过去了，不再关注精心准备的晚餐和布置。手机上明星的照片光鲜亮丽，女士们用吹风机烘干头发时都不舍得离手，甚至还要带着他们上跑步机。今天，没有什么值得一看。过去被视为装模作样或边缘群体行为的东西，今天我们几乎见怪不怪了。

如果人们在克尼格行为准则网站（knigge.de）上询问数字化语境下的社交方式，得到的答案就很少。WhatsApp 和 YouTube 的行为规则仍在制订中，但是手机的使用建议早就存在了。比如"手机使用准则"[①]提到，法律禁止在加油站使用手机，因为假如人们在打电话时不小心把手机摔到地上，电池有可能会产生火花，点燃油箱或者油料加注机里的可燃气体，从而引发爆炸。幸运的是，我们迄今还没怎么听说过这类事故。另外还有一些社交意义上的手机禁区，比如剧场、电影院、宗教场所和墓地。

德国克尼格行为准则委员会（der Deutsche Knigge-Rat）为人们提供了许多和现代化技术相处的建议。这个委员会由一群专

---

① http://www.knigge.de/themen/verschiedenes/handy-knigge-5385.htm

家组成，他们义务地研究时下社交方式中的新趋势、新理念和新问题。该机构主要由莫里茨·弗莱尔·克尼格（Moritz Freiherr Knigge）发起成立，他是18世纪德国著名的作家和社会学家阿道夫·弗莱尔·克尼格（Adolph Freiherr Knigge）的后人。在多篇网文中，克尼格行为准则委员会提供了和脸谱网打交道的多条建议。早在2010年[1]委员会就提醒过，在脸谱网这类虚拟世界中，人们可能会丧失对关系网的嗅觉。克尼格行为准则委员会主席莱纳·威尔德（Rainer Wälde）认为，把上面所有的联系都称作"朋友"，这本身就是对真实生活的扭曲。行为准则最核心的就是：先思考再写。"两年后我还想再读现在我写的东西吗？"这样的思考能帮到你。2012年[2]，关于如何在脸谱网上保护个人隐私，克尼格行为准则委员会给出了一些指南。比如，在发布个人的政治观点、性取向或者婚姻状况之前，人们需要深思熟虑。2015年10月[3]的一篇文章还给出建议，指导人们在网上出丑后妥善处理自己的错误。德国绿党的政客雷娜特·昆纳斯特（Renate Künast）曾经在脸谱网晒出过一张在亚伯拉罕·林肯雕像前的快照，但却尴尬地配上了这样的文字"华盛顿在华盛顿，我也在"。克尼格行为准则委员会给出的错误处理建议和人们在数字化世界之外的应对之道类似：直面错误，道歉，一起傻笑，自嘲。雷娜特·昆纳斯特在

---

[1] http://knigge-rat.de/freundschaft-auf-denersten-klick-knigge-rat-warnt-vor-naiver-gleichmacherei-in-sozialen- netzwerken/
[2] http://knigge-rat.de/privacy-knigge-schuetzt-die-privatsphaere-in-sozialen-netz-werken/
[3] http://knigge-rat.de/auf-facebook-blamiert-reagieren-sie-souveraen/

出丑之后动身前往旧金山之前发了这样一条状态："我还能再见到乔治·华盛顿吗？"三思而后行的一般性预防建议怎么强调都不为过。发状态之前冷静思考一下很有必要。"拿不准的时候，沉默是金。"

克尼格委员会针对脸谱网给出的各种建议不同于我们平常对行为准则的认知，这些建议与其说是劝我们适量社交，倒不如说是奉劝我们做好自我保护。行为准则不是礼仪规范，而是生存建议。有时，网络世界对我们的要求过于苛刻，我们不得不先保证自己能幸存下来，再去考虑如何面对他人。在克尼格行为准则正式出炉之前，但愿本书能提供一些建议，让人们看到数字化世界的个人行为准则可能是怎样的。

在矛盾的心态下，失去礼貌

2015 年 12 月，互联网专家亚历山大·贝克尔（Alexander Becker）在门户网站 meedia.de 上的一篇文章中，描述了德国人对智能手机的精神分裂般的态度。他引用了互联网调研公司 Fittkau & Maaß 的一份研究报告，这份报告显示了人们对使用智能手机的不同意见，甚至相互矛盾的观点。56% 的智能手机用户把他们的手机视作有用的工具，可用于节省时间。但与此同时，又有 62% 的受访者认为使用智能手机是浪费时间，因为实际使用手机的时间往往比原计划的要长。38% 的人觉得时刻保持联系让他们感觉良好，56%的人却将其视作一种负担。一半的受访者觉得，他人在咖啡厅或者公共汽车里使用智能手机对他们造成了干扰，另一半的人对此则没那么满腹牢骚。最大的一致性意见出现在这一点上，即74%的人同意"如果越来越多的人时不时关闭智能手机，那么日常生活将变得更加愉快"。对许多人而言，偶尔关一下手机似乎是通往幸福的道路。这看起来只是举手之劳，但具体操作起来却没那么容易。

这种对于智能手机的矛盾态度，似乎并不只是德国独有的现象。2015年8月皮尤研究中心（www.pewresearch.org）公布的一份针对美国人的调查表明，人们想要适当使用智能手机的初心，常常和自己的实际行为相悖。90%的受访者几乎手机不离身，31%的人从不关机，45%的人很少关机。

大体上，受访者们觉得在社交场合中使用手机是令人分神的，而且会打扰到别人。比如，94%的人谴责在开会时看手机，88%的人觉得和家人共进晚餐时也不应该看手机。对于聚会时使用手机，人们也持批判态度。但事实是，没有哪场聚会能做到零技术支持。多达89%的人承认，上次和朋友聚会时使用过手机，86%的人承认其他参加聚会的人也这么做过。至少有25%的人承认，只要他们忙着看手机，他们对聚会的注意力就会受到影响，而其他人则自诩可以"一心多用"。此外，矛盾的是：尽管人们一方面认识到直接交流的质量受到影响，但另一方面还常常把社交动机当作使用技术设备的原因。有78%的人辩解称，某些通过技术实现的行为可以让聚会"增值",比如晒一张刚刚拍的合照,或者检索一条小伙伴们感兴趣的信息。如果有人破例没带手机就出门了,他就会显得傻愣愣的——独自一人,被冷落在圈子之外。夏琳娜·德古茨曼(Charlene deGuzman)在一部视频短片"我忘带手机了"[①](I forgot my Phone)中,通过一名年轻女士的一天展示了这一点。这位女士把手机忘在了家里,在智能手机支配的环境中,她再没法联系周围一切。比如,和朋友们在咖啡厅聚会时,所有人都忙着鼓捣手机,目光锁定在屏幕上。一位女士没带手机,看上去怅然若失。没有人愿意理她,她只能独自一人捧着咖啡杯。

> **如何变得不幸6:**
> 　　永远永远不要不带手机就出门。你会感到非常孤独。没有技术驱动的纯粹时刻,你还能干些什么?

　　简言之:许多人都受不了被智能手机长期支配的状况,也受不了别人的无礼行为,但自己却常常也表现得无礼。站在自己的角度看,人们会觉得自己的行为都是别人的行为造成的——你埋头玩手机,我当然也要埋头发信息了。起因和结果不再那么好区分,到头来所有人都要蒙受损失。人们进入了一个恶性循环。一边忙着看手机,另一边还要分散精力应付聊天伙伴,直接交流的质量自然下降了。而直接交流质量的下降,反过来又会让人们更

---

① http://www.youtube.com/watch?v=OINa46HeWg8#t=43

加密集地使用手机。这种模式早在几年前就初现端倪。斯坦福大学学习和交流学领域的科学家罗伊·皮（Roy Pea）及其同事，在 2012 年发表了一份针对 8~12 岁女孩的调查，研究显示：随着本就稀有的直接面对面交流愈发稀少，智能手机和其他社交媒体就越可能出现在直接交流之时。谁还习惯于直接交流，谁就会倍加珍惜并且小心地对待它。有些女孩重视直接对话，她们并不需要同时使用其他社交媒体来"丰富"对话。谁本来就忽视直接对话，很少进行面对面交流，就更会陷入在线交流之中。

> **如何变得不幸 7：**
> 智能手机永远不离手——尤其是和朋友在一起的时候。否则，交流就会变得过于深入、过分亲昵——最后变成了一场真正的对话。

前文描述的种种，从社交角度看原本都是不健康的，但这些行为正逐渐为人们所接受。社交准则不断改变，以适应我们的行为。早在 2008 年，哈尔·埃布尔森（Hal Abelson）、肯·莱丁（Ken Ledeen）和哈里·刘易斯（Harry Lewis）就在《数字迷城：信息爆炸改变你的生活》（*Blown to bits: your life, liberty, and happiness after the digital explosion*）一书中提到，孩子和成年人在他人在场时，仍然沉迷于电子游戏，这已经成为一种必然，并为人们所接受，比如在餐桌上发短信或者和朋友聚会时刷网页。

但是，这些新的准则似乎并无益于我们的幸福。前文提到，

74%的受访者认为，如果有更多的人能偶尔关闭手机，这将大有裨益。人们承受着时刻保持联系之苦，察觉到聚会的质量会因沉迷技术设备而蒙受损失，感受到这种无礼的行为所带来的冒犯之感。因此，从人们时下的行为举止中推导出新的社交准则，似乎不是一个好主意。相反，人们更应该有意识地思考健康的准则，允许技术作为一种升值手段存在，但同时限制"不健康的"使用。通常，那些无礼的人或许并未意识到，他们的行为会让对方作何感受：对卡洛琳而言，她被朋友们从座位上赶走了，只因为她用

不了相机，因此也就没有权利享受好视野；对于夜游特内里费岛的游客们，他们观星的体验就这样被 iPad 和 iPhone 的屏幕亮光毁掉了；对于面包房那位售货员小姐，顾客令人费解的订单让她只能无助地站在柜台后面；对马丁而言，在约定的时间出现在约会地点，让他成了那个愚蠢的人；而对卡门而言，推掉了别的活动，就为陪闺蜜去上瑜伽课，结果却被放了鸽子。上述这些人都还没有理解新的"不受约束之规则"。还有很多人，在感到对面正忙着鼓捣手机的聊天伙伴并不满足于和自己交流时，就会觉得很受伤。而引发这些感受的人，或许根本没有意识到，通过技术传递消息也会将人与自己的行为区隔开来。我们希望，这些故事能引发个人的反思，若能引发朋友之间的共同探讨就更好了：哪些形式的技术应用对我们是合理的？我们什么时候变成了我们原本最不想成为的那种人？

CHAPTER 6
—— 第六章 ——

由线上到线下
当互联网规则入侵现实

最近在一次烧烤聚会上，我正在专心致志啃玉米，一位朋友叫住了我，他对我说，我T恤衫上的标语有歧义，甚至略带性别歧视色彩。他提醒我必须多加注意，毕竟每个人身上都有社会责任。其他人也参与了这场讨论，争论立刻展开——每个人都要说三道四一番。翻来覆去地推测我购买这件T恤的动机，简直是一场绝妙的厨房心理学论战。我根本插不上话，没人想听到的是：这本没有什么需要解读的，我只是单纯觉得这件衣服的颜色很漂亮而已。

每个人都觉得别人欢迎自己发表评论，每个人都在讨论一个仿佛不在场的人。这一点，我们在互联网上早已有所领教。早在大约5年前，就已经出现了这样一个独特的概念"狗屎风暴"——该概念描绘了一种失控的状态，负面的批评在其中占主导地位。罗塞塔号彗星探测器在执行探测任务期间发生的一些事情，就是阐释"狗屎风暴"很好的案例。欧洲航天局发射的罗塞塔号探测器将飞向丘留莫夫－格拉西缅科彗星，并在上面着陆。在一场新闻发布会上，执行任务的英国科学家马特·泰勒（Matt Taylor）对外公布了这次成功的着陆。他穿着一件衬衣，衬衣上印着一位衣着略显暴露的女士。随即，"狗屎风暴"便产生了：批评者们认为，一位有性别歧视倾向的研究人员不适宜代表欧洲航天局发言。该任务1992年启动，从2004年罗塞塔号探测器飞向彗星，到菲莱号着陆器在彗星上着陆，整个旅程持续了10年之久。然而社交网络上充斥的全是那件政治不正确的衬衣。

这也是现代化交流的特征：谈些什么、什么重要，这些都由他人决定。人们完全任由他人摆布，在这种情况下只能迷失自我。在烧烤聚会上，我原本想要庆祝刚刚通过的考试，可其他人更喜欢对我的T恤品头论足。公众原本应该庆祝科学和太空探索的一次伟大胜利，可互联网却决定了那件衬衣才应该处于中心位置。

在阐明数字世界中的行为对现实生活产生了怎样深远的改变之前，我们先看一看网上都出现了哪些行为方式。让我们来做一场思想实验，想象你处于下面这些场景中：

- 你和同事们坐在办公室里，每个人都坐在自己的工位上。突然一名同事站起身，对周围人喊道，他不再单身了。他接着补充，但他也并不是谈恋爱了——"事情有些复杂"。
- 你坐在一家咖啡厅内，和一位朋友聊着素食菜谱。突然，有一个陌生人坐到你们桌子旁，对你们教育一番。他说，素食主义者其实也是大规模饲养动物的支持者，同样是谋杀犯。这个陌生人用富有冲击力的语言表达了他想窥探你们的私人空间的愿望。
- 早晨在餐桌旁，你的伴侣起身离开房间，想要看看信箱里有没有新的信件。十分钟过后又重复了一遍：起身，走出门，检查信箱。一天的时间，虽然信箱里并没什么重要的东西，但它却被检查了上百次。别的活动和娱乐都被耽搁了。

这些事例读起来很荒诞，因为它们肆无忌惮地逾越了人与人之间交流的边界，简直让人莫名其妙。情况稍有改变就要把自己的恋爱状况到处宣扬，对根本不认识的陌生人大发脾气，或者被迫不断检查邮箱——这些场景在现实生活中很不合理，但在网络世界却司空见惯。脸谱网鼓励我们：生活中没有哪件小事是无关紧要到不值得分享的。就算是陌生人，我们也要不讲情面地向他灌输我们的想法。陌生人只管竖起耳朵听就行了，听完别忘了点赞！

这些在网上习以为常的行为，在现实世界则会带来麻烦。

重要的是，我们再也无法逃脱。网上有自己的一套规则。我上传一张照片，它很快会收到点赞（或者无人问津）；我在论坛里写了点东西，它或许会收到评论；我写一篇文章，跟帖只要点一下鼠标就会来到。谁要是不能提供足够紧张或充满戏剧性的内容，谁的页面上就没有流量。这可真够悲哀的。但有人可能会争辩说，本来就是人们自己愿意参与这场游戏的。那些在网上分享内容、期待全世界都能看到的人必须预料到，等着他们的不仅是正面评论，或许还有许多误解。更有些人根本没有兴趣去理解，这些人只是把跟帖当作发泄成见的一种方法。但如果我在现实世界中也必须考虑这些问题，事情就真的很严重了，比如从来没与我交谈过的人干预我的私事，比如朋友与我聊天的口气仿佛面对的是网络聊天室里的熟人。"EoD"（网络用语，End of Discussion，结束讨论）也可以用在小酒馆，当你追问聊天伙伴的论据并且希望把讨论深入下去的时候。它意味着开始下一个话题，寻找新的轰动事件。互联网用户习惯了较高的刺激阈值，他们在现实对话中也有同样的渴求，再也不想深入探讨事物了。

我们并不是想论证互联网是万恶之源。我们毕竟还有选择的余地，可以这样或那样行事。幸运的是，对于和旁人进行直接交流，我们可选择的余地比在网上更大。现实中不存在条条框框、表达限定和预设路线，我们不必像在脸谱网、WhatsApp 或者 Twitter 上一样对我们的交流削足适履。但是，似乎许多人还是极为自愿地把网上的交流结构到处滥用，这些人还要把这种交流结构强加在那些刻意远离脸谱网、Instagram 和其他评价平台以及匿名论坛的人——他们之所以选择远离，就是因为在网上他们无法用那种交流方式做任何事。

接下来，我们将用几个例子描述线上和线下世界中的那些破坏性的、有害的行为模式。我们以批判的目光看待这些出现在两个世界中的行为，但如果我们在线上世界已经无法做到"好好聊天"了，那么我们至少要注意，不要再在线下世界中彻底投降。

时刻开启评论模式

有些人看起来总是处于一种活跃的评论模式之中——似乎他们并不考虑自己的评论对聊天对象是否有益。这种现象绝非什么新鲜事，早就有这种人，他们对什么都要抒发自己的见解。但是互联网为这种源源不断的评论提供了舞台，并将其放大化。*Brigitte* 杂志在网上征求读者对文章的看法，YouTube 设置点赞和拍砖。这种发展趋势被称为 Web 2.0 时代网络的社交元素。人与人之间连网、传播和评论信息，每个人既是发送者也是接收者。这是互联网的伟大成就——每个人都能发声，同时也激发出一种全新的活力。没有哪家博客、网页和新闻门户网站不具备评论功能。注册用户可以在不同的网页上顺畅地评论。输入评论、转身离开，就这么简单。

评论毫无疑问是互联网上最受欢迎的功能之一，人们乐此不疲，以至于在某些新闻门户网站上，评论要么限定在一个特定的话题领域，要么干脆就关闭了评论区。对于拜仁慕尼黑更换教练的最新传闻可以尽情评论，但对于争议更大些的话题最好就免开尊口。网站的理由是，要做到温和适中，代价太大了——每条评论都必须逐一审核，一旦发现包含谩骂或者种族歧视色彩的内容，立刻删除。但鉴于这些情况时常发生，人们宁愿关闭评论区——即使那些客观中肯的评论也因此失去了表达的机会。

结果就是，许多用户奋起抗议："网络审查"或者"限制言论自由"是他们的说辞，仿佛每个人都理所应当地拥有能对一切进行评论的权利。他们相信，每个人都有自己的观点，理应随时表达。乍一看，这或许是好事，但是通常危险就潜伏在不直接可见的副作用之中：谁要是对一切都有一套观点，并且习惯于发表评论，那么他到底是在评判一段喜欢的 YouTube 视频还是女友新的发型，对他而言都没什么区别（稍后再进一步解释该机制）。

"允许随意开炮"——这句座右铭就意味着一切皆可评论，可以竖大拇指，可以踩一脚，可以发表令人沮丧的批评。上网的人，必须脸皮足够厚。但即使是在线下人们也不再安全，品头论足的势头就像脱缰的野马，到处横冲直撞。即使你一言不发，周围的人也会点赞或拍砖。

朋友参观我们的新家，对阳台给出评价："天啊，这也太简陋了！你们都没养些香草吗？"

是的，多谢提醒。（他都没看到天竺葵边上已经长出一些香草了）。

在一次聚会上，一位闺蜜告诉我，她和另一位女性朋友交换了一下她们对我男朋友的意见，双方一致认为我男朋友很好，并对我的选择表示赞赏。谢谢你们的祝福啊。

问题在于，她们谈论我男朋友，仿佛他是一件我在换季大促销期间抢到的商品。她们谈论起来还毫无顾忌，根本不考虑我的感受，甚至认为我觉得她们谈这些很好，我也想听她们的观点。

当然，人们应该对别人的观点持开放态度，但这些观点带有评价和判断色彩也没有关系吗？或许，这也是时下互联网上随处可见的评论和评价所造成的一个结果？或许，人们忘记了自己是在和一个现实中的人交谈？

> **如何变得不幸 1：**
> 　　不喜欢别人品头论足吗？请坚强起来，因为每一条评论都是有价值的。如果你觉得感兴趣，其他所有人也一定会感兴趣。不要小心谨慎地思考问题——小心谨慎是认知的敌人！

心直口快地在互联网上狂欢是不健康的，这不仅表现在口无遮拦的评论上，还体现在一些具有伤害性的问题上。这些问题完全忽略了应有的小心谨慎，就连私人领域最私密的问题，有些人也要毫无顾忌地问个不停，仿佛自己是在问别人早餐吃了什么一样。例如，美国作家埃米莉·宾厄姆（Emily Bingham）不断收到提问，这些提问对她而言颇具伤害性，比如问她想要什么样的孩子。作为回应，她发起了一项行动#别再问了（#STOPASKING）[1]，对此她这样解释："如果有人想向你们透露家庭生育计划这样隐私的问题，那么他一定会让你知道的。"但是这项行动表明，人们需要更敏感和更多的限制，让别人知道并非每个话题都可以谈论，并非每个问题和评论都能得到许可。

> **如何变得不幸 2：**
> 　　没有哪个问题是愚蠢的——只有不敢回答问题的胆小鬼。你们到底为什么没有孩子？你是不是身体有问题？在纳税申报上你是不是撒了谎？你的工资究竟是多少？最好这么提问，让那些不感兴趣的人也能听到。这样才更有效率，因为别人就不需要再问一遍了！

哈哈，你上钩了！

"lulz"看上去好像是个拼错的单词，但其实是网络用语，是"lol"（laughing out loud，大笑）的复数形式，是网络聊天中很常用的缩写，意思是聊天者刚刚被逗乐了。lulz进一步发展了这个意思，代表着一种玩笑的生活准则，人们可以用这种准则为每一个（真的是每一个）行为辩护，他们给出的理由就是：这么做真的是为了开玩笑（"为了 lulz"）。

---

[1] Bericht in Grazia, (2015), 42. S. 72.

《城市词典》[1]（*Urban Dictionary*）[2]恰到好处地补充道，lulz 是能解释一切的好理由——从互喷到强奸。完成每种行为之后，想必人们都能发布这样的免责声明："这么做是为了 lulz。"

把开玩笑当作反社会行为的通行证——遗憾的是，这在互联网上并不少见。例如，有一种常见的行为就是发表极其愚蠢的评论，由此引起回应，进而浪费人们的时间。

这些行为通常被称为"引战"（troll，或译为"钓鱼"）。互联网上"引战"这个概念可以用来形容各种各样的破坏性行为：从恶意煽动到开带有挑衅性质的玩笑。接下来我们主要关注一下后者。这种形式的引战者差不多将自己的行为视为一种艺术。最经典的形式就是用一条带有挑衅性质的评论，在其他论坛用户之间掀起一场争论。其他用户在争论结束后，都意识不到他们上了这名引战者的当。

来看一个引战的极端案例。乌维·奥斯特塔格（Uwe Ostertag）提前退休了，他把所有的空闲时间都用来在各大论坛上发布"钓鱼"评论，并以此挑衅生事[3]。他也解释了自己的动机：让尽可能多的人上钩，他可以获得一种胜利感。奥斯特塔格将自己"钓鱼"的成果以截屏的方式收集起来。挑衅他人，幸灾乐祸地看着别人如何中了自己的诡计，并按照自己的预期被激怒并谩

---

[1] 解释英语俚语词汇的在线词典。——译者注
[2] http://de.urbandictionary.com/define/php?term=lulz
[3] Ich bin der Troll. Frankfurter Allgemeine Zeitung, 08.09.2014.
ttp://www.faz.net/aktuell/feuilleton/medien/hass-im-netz-ich-bin-der-troll-13139203.html

引战脸（trollface）——引战者故意引起争吵或以捉弄他人为乐。引战脸通常还被作为签名使用，用来表示"你被我钓鱼了"。（来源：http://commons.wikimedia.org/wiki/File:Trollface.svg.png）

骂回去。奥斯特塔格这类人就是靠着这样简单的方法，证明自己比别人高明，并以此满足自己的虚荣心。

不幸的是，这样的行为正在越来越多地进入现实世界中。引战者不仅活跃在线上，他们显然更迫不及待地想要把嘲弄人的技能也同样运用在和朋友们的欢聚上。

下班后在啤酒馆惬意地畅饮。卡尔聊起了最近的一件事："我才不会让我的孩子打疫苗。大家都知道，人体的免疫系统需要受到训练，否则之后人就会经常生病！"这句话随即引发了热烈讨论。"布里塔的孩子也没打疫苗，这小家伙身体很好啊!""群体免疫就是个骗局!""制药业的说客资助了虚假的疫苗研究!"

客观事实 vs. 虚假广告。这个话题人们讨论了近一个小时。随后,卡尔显然觉得够了:"啊,朋友们,我其实是个科学家,我当然支持打疫苗了。别那么容易上当!但你们激动的神情真可爱啊!"

引战者觉得不过是开个大玩笑的事情,对别人却是破坏性的。当然,偶尔开玩笑也没问题。但如果有这样一种人,他们在一场热烈的讨论结束之时宣称,刚刚说的一切都是开玩笑,只是在"钓鱼",不必当真,那么谁也不会想和这种人讨论问题吧。"大吃一惊吧?我其实根本不支持核能!""大吃一惊吧?我对'布卡罩袍禁令①'根本无所谓!""大吃一惊吧?你被我'钓鱼'了!"讨论会被扼杀在萌芽状态,因为人们永远无法确定谁到底持怎样的观点。有人要是天生喜欢进行毫无内容的对话,并且花一晚上的时间和别人开展一场充满小玩笑的交流,肯定认为这没什么。但其他人就未必如此了。

更有甚者,这些行为不仅仅出现在那些把线上"引战"当作主要任务的人身上。即使是那些本来很正直的人,他们不习惯以捉弄他人为乐,有时也会"引战"并发表一些他们从"引战者"那里抄

---

① 布卡是一些穆斯林女子在公开场合穿着的服饰,用长袍、头巾、面纱把人全身包裹起来。一些欧洲国家或地区禁止公开场合穿着布卡罩袍。——译者注

袭过来的评论。通过观察来学习，机缘巧合之下去"钓鱼"。

> **如何变得不幸 3：**
>
> 玩笑是延年益寿的妙药！尽可能说些挑衅性的话，然后就等着看好戏吧，你的朋友会憋红脸想要反驳你陈述的事实。当他们经过一番艰苦论证，确信他们赢了这场辩论的时候，对他们说出如下的话："哈哈，你输了！我根本不是这个意思！"用最小的投入，开一个最大的玩笑。

一切皆可评价

我们的评价再也没有限制了，即使在线下世界中也不会被任何事物阻拦。想想互联网改变了我们多少，这就不那么让人诧异了。实在难以置信，我们对所有的东西给出了怎样的评价。我们应该允许评判哪些东西？像在 jameda 平台（德国评价医生和卫生从业人员的网站）上评价医生那样吗？不，我们应该把一个人仅作为人来评价。这也是人际评价软件 Peeple[①] 希望做到的。

在这个软件里，对个人的评价也是按照着既定的"5 星评价标准"来做。早上起来评价一下新买的烤面包机，面包烤出来酥脆可口，4 星。评价晚上住的酒店，一切都很好，大游泳池，早餐还有烤面包，5 星。人们也这样获得对自己的评价。无论是朋友、同

[①] http://www.washingtopost.com/news/the-intersect/wp/2015/09/30/everyone-you-know-will-be-able-to-rate-you-on-the-terrifying-yelp-for-people-whether-you-want-them-to-ot-not/

事还是点头之交——只需要有被评价对象的手机号就足够了。

这款手机软件始终遵循这样的评价逻辑：积极的评价会被直接上传到网络。而对于消极的评价（两星或者更少），被评价人会收到一条短信，他有机会向评价人提出抗议，让他撤回评价。不参与不行，人们甚至还需要联系那些对他们有所不满的人。这些评价者本就对被评价者无法容忍，要不然也不会留下消极的评价。如果人们没法委婉地劝服评价者，消极评价就会在两天后上传到网上。这些评价要在网上保留1年才会被删除。软件的设计者们想通过这种方法给得到消极评价的人更多进步的机会——下一条评价或许会更好。讽刺的是，设计者还说这款评价软件是"正能量软件"，它大概率不会被滥用，因为"人性本善"。或许设计者们还没遇到过恶意引战吧。

从高达760万美元的企业估值来看，这款软件顺应了时代精神，单单这样一个针对个人的评价软件就如此价值连城。

本来我们也喜欢评价一切，在网上到处点赞，仿佛那些被赞的东西存在的价值就在于此。本来我们也经常暗中评价别人，为什么不一劳永逸地把评价都放到一款软件的数据库中呢，这岂不更直白透明？

和同事们一起度假。每个人都带了自己的伴侣和朋友。女士们的小圈子开始围着卡塔琳娜窃窃私语："卡塔琳娜，你的领导看上去真的很有魅力，像个模特。但你看到他的夫人了吗？她看上去就像从垃圾肥皂剧中爬出来的一样！"别的女士们也七嘴八舌起来："是啊，真的，和他真不配。"

这是对别人公开的评价。随便就在圈子里传播这些评价，丝毫不顾及被评价者很容易就会听到这些。类似地，互联网上弥漫的评价狂热症也同样令人惊诧。诚然，早在数字化时代之前，饶舌和搬弄是非者就大有人在。如果人们整天泡在网上，处于"评价模式"，发言就会变得无所忌惮，然而现实生活却需要我们带上面具举止得体地待人接物。越多人在社交网络上无所顾忌地评价和讨论，我们在现实的聚会中遇到这样的人就会越多。到头来，人们甚至都没有意识到，交流的语气已经变得更粗暴、更高傲。这是潜移默化中的必然结果。

> **如何变得不幸 4：**
> 　　每个人都有一套评价公式，让它派上用场！不要错误地考虑别人的心理感受！那位女士穿了一件难看的连衣裙？减分！那个家伙一点也不喜欢运动？减分！圈子里的新成员不珍惜别人的评价？减分！

为什么网上喷子那么多

评价、捉弄别人，站在制高点上评判他人，下一个阶段就是仇视了。可惜，现在互联网上充满了仇视。

作家和戏剧评论家弗里德里珂·图德钦斯基（Friederike Trudzinski）[①]确信："互联网为仇视和一种全新形式的暴力开辟了空间。"以貌取人地攻击女士们的长相，充满仇视地评价社交网络上的照片。"很显然，成千上万的互联网引战者把每张上传的照片都当作仇视的请帖。"

仇视成了一种癖好，引战成了一种潮流。破坏别人的东西，这种行为本身成了一种价值。互联网让人们轻易地参与进来，并找到看似充分的理由来证明自身的合理性。

比如，德国电视二台（ZDF）就曾落入了"网络喷子"的瞄准镜。该台一档儿童新闻节目《logo！》试图向孩子们解释 2015 年巴黎恐怖袭击的原因。视频暗示，法国人对此也应负一些连带责任，是他们激起了这场袭击。网民们被激怒了，以互联网的"狗屎风暴"作为回应。在遭到了一段时间的激烈批评后，这期节目被从媒体库中移除了。

一年前，德国著名脱口秀主持人马库斯·兰茨（Markus Lanz）也被"喷子"盯上了。在一次节目中，他邀请了德国左翼党的政治家萨拉·瓦根克内希特（Sahra Wagenknecht）进行辩论，瓦根克内希特后来这样总结：这"绝非辩论文化的闪光时刻"。媒体早就更明确地将这场对话描述为"恐怖场面"，兰茨意欲"用语言发起攻击"，让别人觉得瓦根克内希特是"老牌斯大林主义

[①] Bericht in Grazia, (2015), S. 64-65.

者"[1]。对于在网上进行点评的观众来说，那些对政治家和传统媒体有效果的规则不再奏效，他们把自己的怒火都撒在了主持人身上。很快，网上掀起了一场请愿，要求"马库斯·兰茨滚蛋，我不愿为他缴广播电视费！"最终这场请愿收到了 233355 份签名[2]。

这场请愿的发起人是企业经理人马伦·穆勒（Maren Müller），这场针对兰茨的"狗屎风暴"还没结束，她就对自己的倡议感到后悔了——她此前没有预料到，自己打开了"潘多拉的盒子"。她完全低估了互联网的威力。

在以上这些例子中，仇视被草率地释放出来。此外，还有些是在故意制造仇视。比如，性别的战争有时就会显得特别激烈且充满仇恨。

一方要求#终结父亲节，另一方则回以#女权分子丑八怪。还有人打出这样的标语：#杀死所有男人。在仇恨盛行的地方，人们就不需要理性。如果人们关注这些"推文"，肯定会产生这样的印象，即西方社会或许处于一场内战之中，有些人的口气可真够强硬的。

这就是言论自由带来的两难境地。每个人都应该被允许表达自己的观点，无论是线上还是线下。这时问题就在于，人们的交流根本不再是围绕他们各自的观点进行的——他们或许根本就没

---

[1] http://www.stuttgarter-zeitung.de/inhalt.petition-gegen-markus-lanz-im-netz-bricht-ein-shitstorm-los.14930640-5074-4857-8369-9f886e67a02c.html
[2] http://www.openpetition.de/petition/online/raus-mit-markus-lanz-aus-meiner-rundfunkgebuehr

有观点。有时他们只是为了代表些什么，或者纯粹是为了娱乐，又或者为了表现自己比别人更高明，为了自己的优越感。真的有人相信，就凭"所有男人都去死吧"这类推文话题，就能让别人信服自己的观点？或者这些行为能给两性之间带来更多的公平和理解？

互联网在这些事情上再次扮演了催化剂的角色。小圈子成员在他们的"信息茧房"里日趋同质化，然后用越来越极端的评论超越彼此，直到触碰和超越仇视的界限。

> **如何变得不幸 5：**
> 互联网这片冰冷的地方聚满了一脑子荒唐观点的人。不难想象，那里也聚集了许多仇恨。让别人分担你的仇恨吧——毕竟，他们应该为仇恨的存在负责！

互联网不会遗忘

一切都颠倒过来了：线下，有些行为方式根本没有那么有戏剧性；但在线上，它们就成了问题。在线上，仿佛整个世界都在感受、思考和评论。问题根本不在于隐藏在事件背后的真相是什么，而是这件事在脸谱网上是什么样子。别人会怎么想？低估了这一点，事情很快将面临失控的风险，人们甚至无法从负面的批评之中脱身。"狗屎风暴"接踵而至，每个人都有可能身陷其中，就仿佛每天都在经历新闻一样。

在脸谱网上看起来如何？

毕业十年后的班级聚会，所有人都又聚在了一起。安娜和克劳斯也来了，他们在高中的时候曾是情侣，但已经多年未见，有许多话要说。后来大家在脸谱网上分享照片，那些亲密的聊天和见面时的拥吻，看起来也一切正常，就连克劳斯现在的女友丽莎看上去也很好。但是现在她有些生气："我能理解你们俩有许多话要说。但你们有必要让所有人都知道吗？照片上你们总是在一起，看上去仿佛你们还是一对！现在所有人都看到了。我又为什么要待在那呢？你怎么能这样？"

在现实世界中有这样一条准则，即"话语的私密性"。这意味着，有些私下说出来的事情——比如两人单独的谈话，不应该被记录下来并传播开。未经允许，人们不能录音，更不能把谈话内容公开。因为非公开发表的观点，也不应该被公众得知。如果不存在这样的默契，人们就不得不总是提防着自己是否被监视、被记录。人们所说的一切，随时都有可能被别人批判。显然这种景象算不上美好，这种社交生活人们称之为"反乌托邦"，而在数字化世界中，人们则称之为"日常生活"。

互联网上传递的信息根本不可能是私密的。每一条私人消息都能出现在脸谱网的时间线上，都能被 Twitter 发出来。人们回复私人邮件，有时还会把此前的邮件复制转发给其他人，以便他人能看明白来龙去脉。或许这是无意之举，或许是有所考量，但其效果如出一辙：从按下"回车键"那一刻起，自己信息的传播过程就不再受我们控制了。

我们不需要专门的监视和记录，也不用像过去一样在电话里装窃听器。所有信息都被存储下来了，全自动且无须额外费用。被存储下来的东西，还可以进行再加工处理。

"互联网不会遗忘。"这是互联网时代的智者箴言。这意味着，信息一旦被上传到网络上，就再也没法移除。一切都会自动存档，用户私自下载视频，截屏并在其他网页上发布，于是内容再次被存储下来。互联网被设计为结构坚固的通信媒介，显然对内容来说也是如此。网上可没有橡皮擦抹掉已发信息，也不可能存在这类东西。

人们肯定也做过许多尝试，把"话语的私密性"这条准则移植到数字化世界中，也就是"发帖的私密性"。Snapchat 或者 Burn Note 这类手机软件，就是为了保证收到的信息在阅读后不久，能以一种最好的代理方式自行销毁。如此一来，人们尽可以发送极为私密的图片或者尴尬的消息，不用害怕这些信息的传播不受控制。理论上是这样，但实际操作中又是另一番模样。人们总能找到许多方法，把信息和图片——这当然违背发送者的意愿——存储下来。这些方法数量之多，不胜枚举。从截屏，到数据系统层面的拷贝信息，再到最原始的对着显示屏拍张照。可控，

第六章　由线上到线下　191

是不可能的。

然而，上述保障私密性的尝试会带来一些负面影响，如果发送人错误地产生安全感，觉得所有写下的话、展示的东西都能保持私密性，他就会更加轻率。人们再也不谨慎行事，小心翼翼地避免把裸照错发给别人，反而变得乐于分享图片，因为人们相信别人能看这些图片的时间只有几秒钟而已。当这些图片在朋友圈流传开来的时候，醒悟为时已晚。如此一来，或许无数私家侦探就要失业了。

为什么有这么多人草率行事？很多人马上会想到是由于年轻人轻率大意或不熟悉技术所致。但这些解释都不够充分。数字世界给我们设置了众多陷阱，我们都有可能陷入其中。而人类普遍的学习和行为方式则起到了推波助澜的作用。来到一个陌生的国家，我们很快会发现这里说的是另一种语言，实行另一种规则。我们会自动适应新环境——大部分时候甚至已经提前调整适应好了，因为我们有这个自觉。而在网上交流时却并非如此。网上许多东西都很相似，过渡模糊，界限更具流动性：语言相同、聊天伙伴相同、话题相同，但规则却并不相同。我对某人说一句私密的话，这句话的影响相对有限且一目了然。在互联网上，相同的一句话却很有可能招致一场"狗屎风暴"。

是何种机制，让我们混淆或忽视数字化世界与现实世界不同的规则框架？接下来我们将进一步探讨。

虚拟世界入侵现实的心理学机制

"线上世界""线下世界""真实生活""虚拟生活",这些都是人为的分类,它们在某些条件下能够反映现实。我站在公交车站旁,用手机登录脸谱网。很显然,我同时处于两个世界中。我们真实的自我——身体和精神——(万幸)还不能被我们抛弃。

但这也意味着,虚拟世界中的体验也会对我们现实世界中的行为和感受产生影响。我们的身体和精神在学习某件事情上没有任何区别——如果我的某个行为获得了成功,或者我收到了积极的反馈,无论以何种形式,我都学会了这种联系。这是学习的基本原理,它在不同层面都发挥着作用,无论是在运动机能方面,还是在认知和行为方面。因此,电脑游戏玩家通常也拥有更好的机动车驾驶技术,因为他们的反射受过(游戏的)训练,在紧急情况下反应时间更短。还有一些影响是经常玩第一人称射击游戏造成的:经常玩这类游戏的孩子,之后会表现出更高的暴力倾向(这个结论反过来不成立)。

可想而知,线上行为方式也会扩散到线下世界。在线上语出伤人的人,在线下也更有可能会这么做。在线上无所顾忌地问来问去的人,在面对面交流时也会肆无忌惮地提问。在线上喜欢"引战"的钓鱼者,在酒吧里也会以此为乐。

匿名

严格来讲,所有在网上活动的人都是冠着"假名"的:乍一看，人们都可以给自己起一个假名，或者完全匿名登场。但每一位互联网用户都会留下数字化的痕迹，而且人们有足够的手段识别出这些痕迹（比如利用电脑里的"Tracking-Cookies"文件、IP地址等）。这些并不是本书要研究的。关键是用户觉得自己是匿名的，这就足够了。他可以全凭兴趣和心情浏览网页、聊天、购物，当然也可以评论、评价、钓鱼、骂人。所有这一切，都不至于让他暴露在被反击的危险中。争论的规则，人们想怎么制订就怎么制订。如果想要公平地讨论，那就得像狙击手一样发起攻击，打一枪就跑。

其他环境中也有这种现象。就算原本冷静的人，在手握汽车方向盘的那一刻，也有可能变得极富攻击性且满腹牢骚。背后的道理都是一样的：汽车提供了一个保护性的私人空间，在那里每个人都能自己说了算，可以不加限制地行事。同其他交通参与者的距离加剧了这一效果——人们并不总能准确地看清别的驾驶员，自己也并不总能被清晰地看到。在互联网上这一效果更为极端，人们的匿名感更强。

追求刺激

互联网是闲聊消遣的源泉，永远不会枯竭。与人们往日能消费到的相比，互联网上的信息、视频、建议、娱乐更多，而且每天还在源源不断地补充进来。这是"刺激寻求者"的天堂，这些人无时无刻不在找寻刺激。但这种供过于求的情况不可避免地会造成感觉上的钝化：看了上千部有意思的撸猫视频，就需要一些更为极端的新鲜货，以便从中获得满足感。就这样，视频越来越极端，人的阈值也随之水涨船高——高楼蜘蛛侠们为了拍视频，甚至敢爬上650米高的上海中心大厦。评论也会更为过激、更为尖刻。

大众的动力

互联网最大的优势就在于，每个人既是发送者，也是接收者。如果每个人都想发表令人印象深刻或有趣的东西，进而获得点赞和认可，不可避免地就会导致一场"求赞军备竞赛"。每个人都想成为那个有趣的人，上传最美的照片，写下最专业的评论，分享最棒的经历。司空见惯、老生常谈的东西，只会淹没在人海之中，激不起任何浪花。一切必须做到极致——也一定会做到极致。

当我们大部分生活都处于这样一种环境中——只有极端才会得到重视，我们也学着让自己变得极端——我们身上又会发生些什么呢？我们会让自己适应，用更尖锐的口吻评论一切眼前的事物——正如其他用户演示和模仿的一样。在其他用户行为的推波助澜之下，在匿名的保护下，我们会一步步变得更加激进、更加肆无忌惮。但如果你认为我们可以将这些习得行为仅停留在线上世界中，就像在脸谱网上聊天结束关闭对话框一样，那你就大错特错了。我们的大脑并不能区分这种差别。学到了就是学到了——在线下世界"钓鱼"之路也就畅通无阻了。

线下世界的未来

如果线上世界的习惯不受束缚地传播到线下世界之中,未来会变成什么样子?新闻聚合网站 BuzzFeed 为我们呈现了讽刺的一幕[2]。网站上的一段短视频展示了一些颇具代表性的行为,它们都是在线下做很烦人,而在线上却很正常的:从公开点赞(给郁郁

---

[1] 即 Rolling On the Floor Laughing,网络俚语,笑得满地打滚。——译者注
[2] http://www.buzzfeed.com/bobbymiller/things-you-do-online-thatd-be-creepy-in-real-life

葱葱的院墙配文："给花点赞！"）到过度分享日常事物（不断用宠物照片烦扰女同事："看我的狗狗！看我的狗狗！"），再到像粉丝一样行动（在街上同别人攀谈并一直跟着他们："我真的很喜欢你的风格！我觉得我得关注你！"）。

  BuzzFeed 的这段视频，虽然讽刺得有些夸张，但却展示了技术的可能性和形式以怎样的角度对我们的行为施加影响。线上世界和线下世界相互影响是非常具有持续性的，甚至会对人类行为进行塑造。

CHAPTER 7
—— 第七章 ——

新物种的诞生
"科技人"的思考、感受和行为

"手机僵尸"（Smombie,又称"低头族"）是 2015 年年度青年流行语。这个词是由"智能手机"（Smartphone）和"僵尸"（Zombie）组合而成，描述的就是人与技术的完全融合。"手机僵尸"把世界局限在一个手机屏幕的大小上。无论他们站在哪儿、要去哪儿，永远"心无旁骛"。交通状况、危险、人、自然、幸福时刻，通通不关心。这就是今天的情况。正是基于这个原因，青年流行语评审委员会才选出了这个词。评审员伊柯努尔·布劳恩说，"手机僵尸"是她最喜欢的年度词，"它一语中的地描绘了当今众人和智能手机打交道的必然结果"。

在这里，"手机僵尸"只是"科技人"（Homo technologicus）的一个变种，正如哲学家、作家彼得·斯洛特戴克（Peter Sloterdijk）对我们这一越来越受技术影响的物种所描述的那样。

技术在许多层面改变了我们：交流、感知、思考、行为和习俗、与产品的关系、价值标准。我们如何打发时间、如何利用空闲时间以及自我感知，这些都在发生变化。可以这么说，技术在我们之中创造出了一个新物种。同我们的前辈们相比，我们拥有不一样的衡量尺度——正如前文展示的，我们今天对幸福也有不一样的定义。今天，一个没有智能手机的世界是难以想象的。因此，摄影师埃里克·皮克尔斯吉尔（Eric Pickersgill）[1]用一套名为《已移除》(Removed) 的照片展示没有智能手机的日常生活时，才能引起民众的极大关注。

他在一些典型的生活场景中移除了智能手机：一家人坐在餐桌旁，所有人都是低着头的姿势；一对情侣背靠背地躺在床上，手指呈弯曲状态。

他的照片表明：没有智能手机，许多事情似乎都是毫无意义的。人们只能呆呆地盯着空气。他这套照片的目的就在于，激起人们对长期使用智能手机的思考。这个艺术项目的创意来源正是艺术家本人的经历——埃里克·皮克尔斯吉尔和夫人安琪每天的就寝习惯。晚安吻之后，他们会转过身，背靠背，一天之中最后想到和触摸到的，总会是智能手机。有一天，皮克尔斯吉尔忍不住困意闭上了眼，手机落到一边。当他被手机掉到地上的声音惊醒的时候，他发现自己的手中空空，可手指还是握着手机时的弯曲状态，就像他在《已移除》那套照片中展示的姿势一样。

技术对我们日常生活的征服，以及随之而来的在习俗和标准、

---

[1] http://ericpickersgill.com/removed

摄影师埃里克·皮克尔斯吉尔和妻子安琪入睡前的典型姿势（埃里克·皮克尔斯吉尔）

思维和行动上的改变，在某种程度上不过是事物自然而然的发展过程。每代人都会遇到新的挑战、新的技术和相应的变革。有人称之为社会发展。但是像过去数年如此急速的发展，还是很罕见。面对所有这些新的可能和成就，对于今天我们这个被打上技术烙印的人类种族来说，是时候该弄清我们是否真的在所有领域都取得了长足进步了——或者我们希望在某些方面能够开些"倒车"，或许还能选择另一个发展方向。

下文描述的是极端情况下我们对"科技人"的解释。并不是每位读者都到达了这种最高发展阶段（这种阶段也并不一定值得向往）。通常情况下，不同领域的发展程度也不一致。这种差异一

第七章 新物种的诞生 203

是源于技术影响下的沟通差异，二是源于对效率和效益的衡量标准不同。

　　这里描述的一些现象，我们在前文章节已经提及。我们和来自慕尼黑路德维希－马克西米利安大学的同事拉哈·克里斯托弗拉克丝（Lara Christoforakos）进行了一次针对智能手机使用的访谈和网络调研。后文将以此为例，进一步说明技术对我们这个物种的影响。我们想请读者亲自参与进来，分门别类，看一看我们在哪些方面最接近"科技人"这个新物种。

回复强迫症——"科技人"的沟通交流

　　在沟通交流层面，我们这一深受技术影响的物种的一个主要特征就是"答复反射"。电话铃一响，人们就会拾起手机。来了一条新的聊天信息，人们立刻阅读信息并答复。这种反应已经成为理所当然，因此可以被称为一种反射。就像巴甫洛夫的狗习得对响铃的反应那样，我们也学到了对手机做出反应。行为主义学派的先驱伊万·巴甫洛夫（Iwan Pawlow）让他的狗对响铃产生正向的期望。提供狗粮的时候，铃铛就会发出声响。一段时间之后，光凭响铃就足以让狗的消化系统产生分泌物——即使那里并没有狗粮。狗变成了响铃的奴隶，它的身体会对一个原本不相关的刺激产生反应。当然，现在的手机铃声并非不相关的刺激，我们需要关注的是这种自动的反应。

几乎没有人自觉地对此进行思考：我现在真的想拿起电话吗？我真的想读这封邮件吗？现在这个时机合适吗？还没来得及自觉地做出决定，我们就已经接起了电话或者读完了信息。把身边的人冷落在一边，似乎也无关紧要了。共进早餐、聚精会神地聊天、相互依偎在沙发上的夜晚——这些时刻现在都被牺牲掉了。

信息一旦被阅读，发信者就能收到确认。答复的压力，就这样被各种技术进一步加重了。既然对方知道我读了这条信息，那么我现在就得采取行动了。不仅是来电，信息也必须立刻回复，即使只是无关紧要且并不急迫的话题。比如，WhatsApp 群讨论野营的新伙伴，或者女朋友的信息："我买完东西了，回来了，城里很漂亮。"人们很难找到一个有意义的回复。对此我们还能说什么呢？但无论如何还是要回复，至少也得回一个表情。于是，有些表情就成了热门选择。反正也没人深究，某个笑脸表情到底被人们赋予了哪些意味。至少 WhatsApp 群中的消息看起来是这样，群里相同的笑脸表情伴随着快乐、悲伤或愤怒的信息出现过。

某些信息是无心的，却略显怪异，这些例子在互联网上屡见不鲜，比如一位母亲发给儿子的信息："外婆去世了。"她还附上了一个笑着流泪的表情，这位母亲把这个表情错误地理解为悲伤。但这些在意义上的细小差别对于"科技人"而言是微不足道的。重要的是，人们以某种方式对每条传来的消息做出反应，并尽快屈服于回复的压力。对"科技人"来说，所有数字化交流中的发信者都拥有自然的权威。现实中在场的旁人，就只能等一等了。

"智能手机测试"对意志力是一个绝对的挑战，它要求参与者把手机扔到一旁，即使来了信息也不理会它。可以这么说，这是历史上那个著名的"棉花糖实验"的现代版本。20世纪60年代，心理学家瓦尔特·米歇尔（Walter Mischel）做了这样一项儿童实验：孩子们面前的桌子上放着一团棉花糖。大人向孩子们承诺，如果在研究人员回到房间之前，孩子们能不偷吃棉花糖，他们就能再得到第二团棉花糖。稍稍等一等是值得的。这个实验对年龄更小的孩子而言可谓巨大的挑战，他们面前物品的吸引力远超自己的意志力。今天的智能手机也是这样。只要铃声叫嚣着又有一条新信息了，我的手指就开始痒痒，身体进入行动状态，然后生活继续。即使这样做很不礼貌，会伤害我周围人的感情。据说，有些情侣甚至在亲热缠绵的时候都不惜被手机上似乎重要的新信息打断。等到合适的时候再去做，似乎已经不可能了。

网上交流通常能比现场直接交流获得更多关注。远方的人值得人们立刻给予反馈，而我身边的人就可以等一等了。当然，有些重要信息确实需要人们快些回应，有些询问也不应该让发信者等太久——但是我们对此做过足够的界定吗？和伴侣商量夏天的度假计划时，我有必要在网上给朋友的新头像写条评论吗？这样做谁更会感到冒犯？正对着手机背面的坐在我对面的朋友？还是不知道在哪里的发信者（他在同我聊天时或许也在做着许多别的事情)?在哪些情况下,我们仍会全心关注身旁的直接对话者呢?

"沟通"这一话题,在我们的访谈研究中占据了很大比重。所有参与者都认为直接沟通受到了十分严重的干扰。特别是当所有人都坐在桌子旁,一个人突然掏出手机开始网聊时。这种场景特别烦人,所有人都经历过。大家都会觉得这颇有些瞧不起人的意思。克劳斯和佩特拉的陈述极具代表性。"这个人这会儿觉得光和我聊天还不够!"克劳斯认为。佩特拉也觉得在这种时候,对面的聊天伙伴对她"不尊重"。对方边和自己聊天边鼓捣手机,她觉得这比接电话还烦人,"因为他让人觉得,他两个都想要——和我聊天以及网上聊天"。但事实不仅如此。对于聊天质量如何受到伤害,佩特拉写道:"讨论思路并没有真正发展下去,反而被外界的刺激打断了。思路就像一条不停断裂的红线。"唯一的解决之道似乎只能是,禁止在餐桌上出现手机。一旦阅读了收到的信息,人们就陷入了两难的境地——要么伤害此时此刻面前的聊天伙伴,要么不理网上的聊天伙伴。"无论他发的信息有没有被读过,如果某人没有回复信息。我就会认为这条信息对他来说没那么重要。"克劳斯说道。与此同时,克劳斯也发现了收信确认所带来的回复压力的不利一面。人们经常会做出一些未加深思的决定和表态,事后又后悔不已。克劳斯认为,WhatsApp的"蓝色对勾标志"摧毁了留给"枕头问题"(即人们不妨睡一觉再给出答复的问题)的空间。

别问，问就上网查——"科技人"的思考和感知

在思考和感受层面，技术也对我们这个物种产生了巨大影响。尽管本书主要探讨的是情感而非认知层面，但此处仍然有必要对技术给感知造成的影响进行一般性探讨。因为它清楚地表明了，曾经对于我们这个物种具有重要意义的能力，其重要性发生了怎样的变化，而这一切最终又导致了体验层面的变化。

对我们大脑而言，最根本的一个变化始于引入互联网作为可供集体使用的外部存储设备，于是在脑海中记住一条线路或者准确记住某些事物就变得不再重要了。需要什么信息，上网用谷歌搜索一下就可以了。就连电话号码、生日这些个人信息，也不必成为大脑的负担，手机肯定知道这一切。今天许多人甚至不能背下自己的手机号，但却能想起小时候家里的座机号码。这种被称为数字失忆症的效应，本身已经不再值得大惊小怪。我们的大脑高效运转，本来就只需要记住它必须能独立检索出的内容。这样做，一方面能让大脑物尽其用，但另一方面，根据信息的类型，我们又不得不承受幸福的损失。那些不再值得存储在大脑里的信息，因此逐渐失掉了意义。如今，生日问候往往通过社交网络传递给网络上的伙伴。如果你在脸谱网、Xing 或者 Skype 上活动，你的联系人就会收到你生日的提醒，你也会收到相应的生日祝贺。你肯定会收到比以前更多的祝贺，比当年朋友需要凭记忆自发抄起电话向你问候时的祝贺更多。但你的喜悦还一如当年吗？

我该如何看待这一切：我工作上的联系人，有些甚至还是我几年前在某次会议上结识的，都会在我生日当天发来祝贺，而我每周都见面的熟人却无声无息？我们又该如何看待利用技术获取重要信息而令我们产生的依赖性？这对于我们个人又有什么影响？

一旦无法使用数字化存储设备，我们就会像一群无助的生物在世上踉跄而行，一筹莫展。这些影响还能从大脑功能以及感觉知觉的变化中体现出来。无论涉及哪个知识领域，我们大脑的第一反应就是："问问谷歌！"在内容层面对这一问题进行深入思考，即便我能自己找出答案，也只能退居其次。心理学家贝特斯·斯派洛（Betsy Sparrow）、珍妮·刘（Jenny Liu）和丹尼尔·M. 韦格纳（Daniel M. Wegner）[1]的一项研究揭示了"想知道某些事"和"问问互联网"之间的关联到底有多强。在反应时间测试中，受试者面对一系列知识性问题，此时他们对于"谷歌""雅虎"这类互联网搜索引擎的反应强于"耐克"等其他商标。反应时间更短表明大脑中已经产生了稳固的关联。"科技人"已经学会用搜索引擎回答各种形式的问题。因此，"科技人"也就再也没有必要在知识领域继续深耕了。需要某种知识，总能问问互联网。

对大脑的研究也说明了大脑皮层对待刺激的方式如何被技术的使用所影响[2]。高度成熟的"科技人"的手指，肯定比那些并不

---

[1] Sparrow, B., Liu, J., & Wegner, D. M. (2011). Google effects on memory: Cognitive consequences of having information at our fingertips. Science, 333(6043), 776-778.
[2] Gindrat, A. D., Chytiris, M., Balerna, M., Rouiller, E. M., & Ghosh, A. (2015). Use-dependent cortical processing from fingertips in touchscreen phone users. Current Biology, 25(1), 109-116.

常用触摸屏的人的手指更为敏感。有趣的是，根据使用智能手机的频率，指尖的敏感度甚至每天都在发生变化。这再次表明了我们大脑所具有的巨大适应能力。然而令人担忧的是，神经的高度可塑性也会受某些不良行为的影响而产生肌肉张力障碍、运动障碍，具体表现为不自主的痉挛和姿势不良[1]。

现代健康指南

重要的是，如今保持心理健康就意味着不能完全离开技术。新式健康建议考虑到了"科技人"的潜在缺陷。《健康女性》（*Women's Health*）之类的杂志就给出了如下建议，除了每天进行针对腹部、腿部、臀部的 1500 卡路里训练和食谱调整外，还要练习让自己"不必断开网络就能使大脑保持活跃"。梅拉尼·科什玛施拉布（Melanie Khoshmashrab）的文章《用手机，但不用脑子？》（*Mit Handy, aber ohne Hirn?*）指出，小型科技设备非常适合日常使用，但对我们的短时记忆却是一个真正的灾难："因为它们使我们荒废了思考。"如何重拾这些能力？我们可以通过不使用导航软件来训练自己的方位感，并在拍照时有意识地选定照片主题。这都有助于人们生成日后能被调取出来的记忆，还能防止数据残留在手机、数码相机、Instagram 和 Pinterest 上。没错，今天的健康指南看起来就是这样。照片只有意识地去拍，或只拍那些

---

[1] Quartarone, A., Siebener, H. R., & Rothwell, J. C. (2006). Task-specific hand dystionia: can too much plasticity be bad for you? *Trends in Neurosciences*, 29(4), 192-199.

特别有回忆价值的事物。这原本是理所应当的事情，而今天人们必须重新学会。

亚历山大·马克维奇（Alexander Markowetz）也在他的《数字化力竭》(*Digitaler Burnout*)一书中有过类似表达：智能手机碾压了我们的文化行为准则。随着智能手机进入生活，我们现在必须学着和它打交道。

现代现象 / 综合征

"幽灵震动综合征"——误以为手机在震动，实际上它正安安静静地躺在那里——之类的新病症逐渐出现。2012年一份关于该综合征在大学生群体中出现频率的研究[1]显示，足有89%的受访者有过"幽灵震动"的症状，平均每两周出现一次。但受访者并不认为这一综合征对生活造成了困扰，也不觉得需要治疗。对于"科技人"而言，这类打着技术烙印的错误感知不过是日常生活的一部分，正是它们造就了这类人。

现代治疗手段

但是，如果对手机的使用已经超出"科技人"认为健康的程度，新的治疗手段将有所帮助。一个例子就是"无手机"（NoPhone），

---

[1] Drouin, M., Kaiser, D. H., & Miller, D. A. (2012). Phantom vibrations amony undergraduates: Prevalence and associated psychological characteristics. *Computers in Human Behavior*, 28(4), 1490-1496.

这是一块手机形状的塑料，当然它什么都做不了。它能给"手机上瘾者"传递一个感觉，智能手机就在身边，还能防止最严重的戒断综合征；与此同时，通过断绝与数字化世界的联系，把人拽回现实世界。NoPhone 取得了巨大的成功，在创意方案众筹网站 Kickstarter 上，不到 48 小时就达成了资助条件。后来，NoPhone 甚至出了升级版——自拍版 NoPhone，这块塑料的背面安装了一面小镜子。

谁要是还对从数字世界完全脱身有所顾虑，Menthal Balance（http://menthal.org）这款应用程序将派上用场。这款应用专门用于控制手机使用时间，由波恩大学的一支跨学科团队开发，成员包括信息学家和心理学家。它能够记录用户的手机使用行为并进行批判性反馈。研究人员认为它有助于人们进行自助，为可持续的数字化生活奠定基础。

专注力的瓦解——"科技人"的行为和习俗

"科技人"的行为深受多任务处理的影响。"科技人"装配了智能手机、平板电脑、电视机、笔记本电脑，或许还有经典的台式个人计算机，他们掌握一切可能性并且喜欢同时使用它们。制造商们也有意推动这些行为，比如通过"第二屏幕应用"（Second-Screen-Anwendungen），让笔记本电脑、平板电脑或者手机上的活动与正在放映的电视节目同步互动。"第二屏幕应用程序"

随时为电视观众提供电视节目信息，搭建与其他观众交流的平台。或者创造机会，让观众通过问题和评论积极影响脱口秀节目的内容。但是研究表明，在"第二屏幕"上进行的活动只有极少部分真的与电视节目有关，占比最多不超过 15%。"科技人"在这第二块屏幕上做得最多的事情，通常和正在放映的电视节目完全无关，比如发邮件（63%）、使用脸谱网等社交网络（51%）、阅读关于电视节目的信息（49%）或者网上购物（42%）。这一结果出自 SevenOne Media 在 2013 年对 1000 名受访者所做的研究[1]，目的是为电视台出售广告时间制订策略。

"科技人"到底能从正在播放的电视节目中领会多少，还是个问题。不幸的是，"科技人"的大脑仍然落后于技术提供的各种可能性。"智能手机使我们相信，我们有多任务处理的能力，但我们的大脑并未经过并行处理的编程。"乌尔姆大学心理学教授克里斯蒂安·蒙塔克（Christian Montag）在 2015 年 12 月接受《南德意志报》采访时的话也引发我们的思考[2]。总体上蒙塔克也把手机视作"生产力杀手"。他最后的建议是："我们必须以不同的方式和电子设备打交道。我们在智能手机上做的许多事情都是多余的。手机确实满足了我们参与社交的基本需求，这就是社交媒体类应用程序如此成功的原因。但是我们原本每天花费 3 个小时来

---

[1] SevenOneMedia: Der Second Screen als Verstärker. Repräsentative Studie zur parallelen Nutzung von TV und Internet. https://wirkstoff.tv/docs/default-source/second_screen_verstaerker-pdf

[2] http://www.sueddeutsche.de/karriere/psychologie-professor-christian-montag-im-interview-produktivitaetskiller-smartphone-1.2779801

应对真实环境,现在这种体验消失了。我们正在剥夺自己的美好时光。"

波恩大学的信息学教授亚历山大·马克维奇(Alexander Markowelt)也对多任务处理持批判性意见。他与自己的团队合作开发了一款用于记录手机行为的应用程序,并评估了大量用户数据。引发马克维奇担忧的,首先就是人们的大量活动被打断,以及由此带来的日常生活碎片化。每天我们足足要操作智能手机 88 次——几乎是手机不离手。两次查看手机之间的间隔时间平均为 18 分钟。专注力已经大不如前。

除了多任务处理之外,"科技人"在生活中还构建起大量新的习俗,并自发地展现出许多不由自主的行为方式。技术塑造了我们的行为和社交互动方式。我们的前辈早就意识到了这一点。比如,录像机为日常生活带来了新的自由。人们不再需要在喜欢的电视节目和外出之间做出选择——先出门,回家之后再享受录下来的节目。但与此同时,过去建构的习俗则正在瓦解。每周三晚上和朋友们聚在一起,收看喜爱的电视剧,这已经完全没有必要了。人们可以随意推迟这些聚会,又或许根本不会再举行这类活动,就连观看节目这个行为本身也发生了变化。人们不再像过去收看直播节目一样聚精会神,而是边看边聊天,或者顺便把比萨放进烤箱。这些都没有问题,因为人们总可以随意按下暂停、快进或者快退键。现在到底是比过去更好还是更坏了,我们暂且不论,习俗发生了改变,这是不争的事实。

"科技人"的"行为剧目"现在也在许多其他方面发生变化，这些变化可以用一系列新脚本描绘出来，这些脚本就是学习的"刺激－反应链"。经常被引用的例子就是对手机上持续涌入的文本信息的习得性答复行为。不间断的数字化联系的代价就是对情绪健康的损害，以及不断增多的睡眠问题[①]。

举个典型的例子：只要"科技人"看到一处景点或者感觉某个时刻有值得回忆的潜力（正如第二章所述），便会不由自主地抓起照相机。对当下时刻的感知经常为人所忘记。我们的访谈对象莱昂认为："人们抓住一切，却很少一探究竟。"当一位"高度进化"的"科技人"遇到一位传统人类的代表时，问题就出现了。"科技人"甚至有可能请这位人类代表让位，因为他"挡住了画面"。卡塔琳娜对此愤怒地表达了自己的意见："我觉得我也有相同的权利——只用双眼去欣赏美景！"

"科技人"与产品的关系

"科技人"已经习惯了以数字形式消费一切。图书、音乐和照片——所有这一切不再是有形的，而是储存在计算机、手机中或者云端。人们以流媒体的形式欣赏音乐、观看视频，不用再像以前一样在家里堆满磁带、录像带以及后来出现的 CD 和 DVD（或

[①] Murdock, K. K. (2013). Texting while stressed: Implications for students's burnout, sleep, and well-being. Psychology of Popular Media Culture, 2(4), 207.

许听完看完一次之后，就束之高阁了）。互联网上万事皆有，种类繁多。再也没必要在最喜欢的乐队的专辑中选择一二，人们直接能把一位艺术家的所有作品同时收入囊中，还能欣赏别的听友推荐的更多专辑。日记等物品也不再是有形的，人们如今在网上写博客。一切都以实用为主，因为"科技人"不再需要容纳私人事物的空间。一间有网络连接的斗室，对他们而言就足够了，当然还要有无限的网络存储空间。

"科技人"的前辈与产品（比如与第一张唱片）有过特别的关系，但这种关系对"科技人"而言已经很陌生了。数字化创造了一种供过于求的局面，从而使单一物品逐渐贬值，改变了产品的识别功能以及产品本身的形状。"科技人"再也不像前辈一样听唱片、CD，而是创建了五花八门的播放列表。他们甚至不知道专辑封面是什么样。他们不用考虑，这个月花钱买哪些音乐才对我更有价值。对于"科技人"的前辈而言，他们做这些选择时更自觉。每一盘磁带背后都藏着一段故事。从同学那里借来一张唱片，把上面的音乐转录到磁带上——有多少个午后是这样度过的呢？自己混录的一盘磁带，经常能成为送给挚友最好的一份礼物，大家分享各自最喜欢的音乐。当然，"科技人"也会和朋友分享音乐，但都是悄无声息的。他们分享的不再是某张转录的唱片，而是上千张唱片的合集。难怪人们会忽略掉全貌，最终甚至忘记了这些曲目到底是怎么来到自己的硬盘上的。这意味着，"科技人"自己收集的音乐再也不能代表自己。过去，聪明人会说："给我看看你收集的唱片，我能告诉你，你是个什么样的人。"现在这再也行不通了。"科技人"更愿意通过脸谱网寻找答案。

"科技人"对时间、工作、空闲的态度

《时间就是蜂蜜：和时间聪明地打交道》(*Time is Honey: vom klugen Umgang mit der Zeit*) 这本书很好地让我们了解到，"科技人"与时间打交道的方式发生了改变。作者卡尔海因茨（Karlheinz）和尤纳斯·盖斯勒（Jonas Geißler）及其研究机构为个人和公司提供时间管理方面的支持，并希望为优化"时间管理价值"做出贡献。两位作者描述了技术如何扰乱了我们曾经的时间节奏，比如通过消除两个活动之间的过渡。这些潜在空余时刻的重要性在于，它们为我们提供方向，是身体和精神状态的指示标，让我们能够告别过去、展望未来。如本书第二章所述，从公共汽车站到工作地点的那段路，就是从空闲时间到职业活动的一段有意识的过渡。"科技人"生活中的这些时刻完全被技术占据了，每段空余时间都被电话、网上聊天、拍照或音乐填满。作者认为，开端和结尾的文化已经丢失，并被无缝衔接的开关机所取代。互联网成了一个决定性的破坏因素，干扰着曾经的时间关系："旨在无限地缩短和压缩时间的经济合理性原则，已经在互联网上找到了理想的媒介。……互联网将大部分传统时间安排击碎、消融并消除。"纵然停顿休息能为深思熟虑和超前思考提供空间，为

想象力留有余地，也是关机和调整状态的好机会，但它在"科技人"的时代也已经成为过去。这个物种已经忘记了如何创造性地处理无聊时间，忘记了如何借此跳脱出自我和生活中的重大问题。要想营造一片空间，"方法就在身边，不妨将智能手机从口袋里掏出来，偶尔看看是否有人发了短信，或者按下周围各种遥控器上的按钮，把受到威胁的自我和所有关于生命意义的问题都隔离在安全距离之外"。在这种情况下，作者再次对"无聊驱除大师"——互联网提出警告，并给出最终建议："请放弃所有为对付无聊而做的事情！"

"科技人"不再像他们的前辈那样手足无措。他们很少陷入困境，不必真正认真思考关于自己或者生活的问题。仅凭 YouTube 就足够填满生活了。上面每分钟都会新增超过 400 小时的视频片段[1]，还有超过十亿用户在保证着源源不断的补给[2]。

虽然"科技人"可以成功绕过这些关于生命意义的问题，但也会面临同前辈们相比更大的挑战——在工作和空闲之间划出一道分界线。下班之后或者在度假中无法被人联系上，这在使用固定电话的时代是一个完全合乎逻辑的结果。但这对"科技人"而言，则只能是一种"下不为例"的警告。基本状态已经发生了彻底转变，"在线"成了默认状态。要想为自己着想，"科技人"就必须先从技术上想想办法。过去，如果想联系别人，只需抄起电

---

[1] http://www.googlewatchbolg.de/2015/07/aktuelle-statistiken-youtube-pro/
[2] http://www.youtube.com/yt/press/de/statistics.html

话。现在，如果"科技人"想寻求片刻安宁，就必须关闭手机。

当然，还有许多"科技人"明确警告：关闭手机，特别是在假期之中，只会带来更多压力而非放松。比如内容营销公司fischerAppelt[①]的董事弗兰克·贝兰德（Frank Behrendt）就根据自己的"深度放松"经验劝诫人们，不要试图通过在邮箱账户设置外出自动回复来与工作保持距离。他认为，在休假前交接一切并在假期结束后重新上手，会更令人紧张。所以，即使假期当中坐在棕榈树下也能查看邮件，转发或者简短回复重要的邮件——这没有什么大不了的。他说："人们可以在脑海中'关机'或者调整状态，不必非得在设备上。"当然，贝兰德也承认，在假期中仍旧阅读公司邮件和放松休息似乎有些矛盾。他知道，在这一点上他只能代表自己的意见。"对其他人而言，在假期之中关闭手机，或许能更好地放松。"贝兰德说道。

似乎贝兰德董事拥有一种即使时刻保持联系也能放松的本领，并且以对自己健康的方式将这种本领融入生活之中。凭借这种不同寻常的能力，他成了一个例外，而"科技人"肯定不会觉得这是理所应当的。事实上，这一深受技术影响的物种常常被技术压得喘不过气，恰恰无法做到"在脑海中调整状态"。

这是一个两难的选择，既需要安静，但同时又不能关机。这也是我们的访谈对象需要面对的话题，他们需要回答，他们是否

---

① http://www.spiegel.de/karriere/berufsleben/agenturchef-frank-behrendt-10-tipps-fuers-entspannte-berufsleben-a-1055766.html

第七章　新物种的诞生　219

会关闭手机，以及在怎样的条件下会这么做。克劳斯的陈述描述了一派典型的观点："对我自己而言，坦率地讲，（关闭手机）这种感觉很奇怪。关机对我来说就是退出登录……仿佛与外部世界隔绝。"莱昂表示："我周围的人会责备我的。"卡塔琳娜认为："（不关机的）主要原因在于，我不能错过重要的事情。"同时，卡塔琳娜也意识到她的休闲和空余时间减少了，她"总是受看手机这个坏习惯的影响，没有得到足够的放松，也没有真正利用好空余时间。心不在焉，也没彻底放松"。尽管如此，她总结道："我本可以更好地享受空闲时间（如果我能关掉手机），不过我对现状还算满意。"

"科技人"的自我感知和自我表现

"科技人"的自我感知也遵循着由技术提供的衡量标准。自我价值的一个决定性因素就是脸谱网的个人主页。学者艾米·冈萨雷斯（Amy Gonzales）和杰弗里·汉考克（Jeffrey Hancock）在他们一篇题目颇为诗意的论文"镜子，我脸谱网墙上的镜子"（Mirror,mirror on my facebook wall）中认为，研究对象在查看自己的脸谱网个人主页时会伴随着自我价值增加的感觉。事实证明，增加自我价值感特别有效的方法就是编辑自己的个人主页，以及精心挑选自己希望呈现出来的对自己有利的信息。这篇论文还有一个有趣的细节：那些只关注自己脸谱网个人主页的研究对象，比那些还查看其他用户主页的研究对象拥有更强的自我价值感。"科技人"绝对不要犯这样的错误：在编辑完自己的个人主页后，还要去访问其他脸谱网用户的主页。这可能会让刚刚膨胀起来的自信心再次土崩瓦解。

根据不同的人格结构，发布某些类型的动态对"科技人"的健康福祉极为有益。伦敦布鲁内尔大学的一支科研团队研究了脸谱网动态的内容与个性特点之间的关系[1]。

外向型性格的人主要发布社交活动动态。坦诚直率的人，乐于将平台当作交流知识话题、传播政治观点的媒介——他们并非真想建立社交联系。自恋型性格的人更愿意炫耀个人的成功，并用相关照片加以印证，例如健身房里的照片。自我价值感较弱的人倾向于在脸谱网上发布与朋友有关的状态，将这一平台当作对关系的某种形式的确认。

脸谱网是一个定义我们自身的平台。"科技人"在这里规定别人怎么看待他们，以及他们怎么看待和感受自己。

在"科技人"的数字化自我描述中，可以看到某些性别差异。心理学家彼得·索洛可夫斯基（Piotr Sorokowski）和同事的一项研究[2]表明，女士总体上比男士更爱发自拍。另一方面，男人的自

---

[1] Marshall, T. C., Lefringhausen, K., & Ferenczi, N. (2015). The Big Five, self-esteem, and narcissism as predictors of the topics people write about in facebook status updates. *Personality and Individual Differences*, 85, 35-40.

[2] Sorokowski, P., Sorokowska, A., Oleszkiewicz, A., Frackowiak, T., Huk, A., & Pisanski, K. (2015). Selfie posting behaviors are associated with narcissism among men. *Personality and Individual Differences*, 85, 123-127.

拍行为则更多地取决于个人性格特征，比如自恋。另一项针对男性"科技人"的研究显示，自拍除了和自恋有关，还在很大程度上受到心理疾病的影响[①]。精神病态（Psychopathy）的男士对自己充满信心，他们不会花时间美化自己的形象，认为把照片不加修饰地放到网上就很帅气。

自拍纯粹是为了自我表现，这种现象特别值得注意。通过手机摄像头拍下的自我形象，是"科技人"最喜欢的一种信息传递方式——他们总能让周围的人对他们的面部特写感到高兴。已有科研论文对自拍过度流行背后的联系和动机进行了研究。克里斯托弗·巴利（Christopher Barry）和同事们于2015年在专业期刊《大众媒体文化心理学》(*Psychology of Popular Media Culture*)上发表的文章"让我来张自拍"（Let Me Take a Selfie）中发现，在Instagram平台上发布自拍的行为，在关注者较多的用户中特别普遍。这听上去很合理：谁如果知道自己被别人关注，他就特别愿意展示自我。越被人注意，自我就越突出。脸谱网和Instagram这类数字化媒介，让"科技人"比前辈们更容易进入这种状态之中——过去的人如果想让成千上万的人看到自己的照片，就必须想方设法美化自己。

我们一项针对86名智能手机用户的调查，还展示了"科技

[①] Fox, J., & Rooney, M. C. (2015). The Dark Triad and trait self-objectification as predictors of men's use and self-presentation behavior on social networking sites. *Personality and Individual Differences*, 76, 161-165.

人"的自拍行为与根本动机的另外一些有趣方面。这项研究关注的是与自拍有关的情感、性格特征以及普遍意义上的优缺点。尽管自拍非常流行——受访者中除了一位，剩下所有人都承认自拍过——但大家普遍都不认可自拍这一行为，至少是以这种态度对待别人的自拍。与自己的自拍相比，浏览他人的自拍会带来更少的积极情绪。对于"你最期待身边的人哪种类型的照片"这一问题，受访者首先提到的是特殊事件照片或者日常生活的抓拍，自拍照位列最后。人们普遍认为，对别人产生消极影响是自拍照最大的缺点。

与此同时，受访者还提及了自己自拍的现实原因。比如，自拍的一个显而易见的优点就是不需要陌生人的帮助，人们很快就能给自己拍一张照片。自拍相机的"镜子功能"还能快速检查化妆效果或者确认自己脸上是否长了痘痘。所有人自拍都有一套充足的理由，但几乎没有人真的想看自拍照。对于这样一种矛盾行为的可能解释或许是所谓的"基本归因误差"——这是社会心理学家李·罗斯（Lee Rose）在20世纪70年代提出的。我们普遍具有这样一种倾向，更愿意把自己的负面行为归因于自己所处环境（周围环境迫使我自拍），而把别人的负面行为更多地归因于他人的内在因素，如性格等。（有些人总是自拍，因为他们自恋——真烦人。）

最后，再举一个令人深思的轶事，明星也会深陷"科技人"的自拍狂热之中。比如，科隆摇滚乐队BAP的主唱沃尔夫冈·尼德肯（Wolfgang Niedecken）2016年1月在脱口秀节目《贝蒂娜和博姆斯》（*Bettina und Bommes*）中就曾抱怨他的苦恼：粉丝与他自拍合影，妨碍了人们进行对话交流。过去，一切都很轻松随意，大家还能了解彼此的信息。现在，每个人只关心和他拍个自拍照。为此尼德肯必须保持不动，仅此而已。

CHAPTER 8
—— 第八章 ——

未 来
将怎样发展……

预测是一件很难的事情，尤其是预测数字化的未来。
——尼尔斯·玻尔（Niels Bohr）(原文稍做调整)

前面章节描述的现象及其对我们幸福的影响，不过是冰山一角。我们对于技术和幸福感相互影响的分析远没有到终点，因为技术进步永不停歇。它不在乎任何事情，甚至不在乎那些他本应服务的人类的幸福。

下一个"大事件"肯定还会到来，无数创业公司想凭借技术创新赢得金钱和名望。在这些技术进入市场时，很少有人会详细预测它们对人类的影响。真正有趣的正是技术带来的可能性，通常还会伴随以下论点："如果我们不将这项技术推向市场，那么其他人就会这样做了。"

只有自己的公司成了业界顶尖，这个人才被允许对事情做些批判性讨论。例如，德国电信首席执行官蒂莫托伊斯·霍特格斯（Timotheus Höttges）的一席话就引人思考。他认为当前的技术发展速度对人类而言过快了，超过了人类能够承受的限度。在 2016 年 1 月接受《时代周报线上版》(*Zeit Online*) 采访[1]时，他除了谈论了机器人技术、自动驾驶带来的可能性和自由，还谈到技术令人们在日常生活中不堪重负："我的确认为，借助互联网，我们的社会进一步加速发展，但人们的适应能力已经落在后面。对于老年人而言，一个典型问题是，我母亲 86 岁了，每天都在和 **iPad** 作战。"他对时刻保持联系也持批判性态度。作为德国电信的首席执行官，他却认为偶尔关掉手机是值得的："我总在找寻彻底抽身的时刻，能让我既不被人联系到，又不为互联网提供的各种可能性分心。"他提倡对技术创新的后果做出负责的评估，例如，成立一个与大数据打交道的伦理委员会。他批判被硅谷奉为圭臬的准则："一切在技术上可行的，就都是好的。"他也反对某些人把违法的技术创新粉饰为"公民的不服从"："在我个人看来，并非所有在技术上可行的事情，都应该被实行。"我们非常同意这一点。

　　接下来，我们邀请读者一探未来的模样，并以新兴的技术趋势和发展为例，推测它们将对我们幸福体验造成何种后果，找出我们可以做些什么，避免自己在技术进步的急流中溺水。

---

[1] http://www.zeit.de/2016/01/zukunftsvisionen-timotheus-hoettges-roboter-technik

技术的发展趋势

让我们先以一个人畜无害的例子开始。对一些人而言，这是一则脚注；对另一些人而言，则是他们早该拥有的自由：手机漫游费应当逐步削减，直至最终被完全取消，以便人们在全欧洲都能以合适的价格打电话和上网。但是获得了这项自由，某些人享受的休闲效果会大打折扣。过去人们能以此为借口："我不能打电话，因为我在外国。"但现在这个理由不成立了。我们不得不随时随地面对"立即接电话（回信息）"带来的社交压力。人们不需要在乎别人此刻身处何方，各地的规则都一样，事情变得更简单了。

让我们再来看另外一些让生活变得更简单的例子。比如，把智能手机当作打开家门或者车门的钥匙。这样，人们就只需随身带一个本来就会时刻握在手中的物品。此外，手机支付系统也普及开来：亮出您奢华的手机，安安静静地点一大杯6欧元的咖啡——梦想照进现实了，智能手机又占领了我们另一块生活领域。如果我们能在皮下植入一块代表电子身份的芯片，支付就会变得更加便捷。当然，这块芯片不仅仅可以用来完成支付。想象力是没有边界的，如此一来，人们就永远不会失联——真的是永远不会。

总的来说，我们日常生活中将很少遇到劳神费力的事情，周围的机器人会接管所有涌入的实际工作。甚至在公共设施里，我们也将看不到办事员，机器人就能接待我们。日本的海茵娜酒店

日本海茵娜酒店的前台（图片由长崎豪斯登堡提供）

我们负责您的行李！日本海茵娜酒店的服务机器人（图片由长崎豪斯登堡提供）

（Henn na Hotel，www.h-n-h.jp）已经实现这一切了：大堂接待、搬运行李、清理房间——一切都由不同形态的机器人完成。酒店经营者的愿景就是实现效率最大化。前台负责接待客人的是一部人形机器人和一部小恐龙形态的机器人。和它们相比，负责把行李运到房间的搬运机器人和机器手臂，看上去就没那么惊艳了。

隐藏式互动

并非每一项技术创新都能立刻发挥它的全部效力。有些就变得默默无闻，比如谷歌眼镜，这款头戴式显示器能把互联网直接在人们眼前展开。戴着这副眼镜，每个人都能在网络信息的帮助下，让眼前的现实更丰富。参观名胜古迹的时候，人们能随时阅读维基百科上关于此处的历史知识，这点非常实用。和网上的暗恋对象约会时，如果能不着痕迹地查看一下此前的聊天记录和对方的个人信息，增进对他/她的了解，岂不有用？工作面试时，能快速查阅这家公司的一些关键信息，将大有裨益。戴着谷歌眼镜，人们能彻底自由且毫无准备地徜徉于各种生活场景。这简直如做梦一般。

显然，谷歌眼镜并未取得巨大成功。首当其冲的一个原因正如媒体所说：不久，每个人都能带着这样一副眼镜逛来逛去，随时给周围的人拍照，并把自己的个人信息暴露给别人。就算我们的社会并不太在意个人数据的保护，这对于当今发展阶段而言也未免太过冒进了。

当然，谷歌眼镜不会就此销声匿迹。它只是被束之高阁几年，静待时机成熟，配备优化的功能之后再度出山。随时透过眼镜观看被互联网信息增强了的现实，它将带来怎样的结果？它又会包含怎样的信息？这一切还有待观察。目前很难估量它将展现的活力。

在谷歌眼镜大显身手之前，已经有许多不起眼的可穿戴设备将我们进一步和互联网连接在一起了。市场上早就出现了各种智能手表等可穿戴设备，不过用户通常只是用它们来提示自己手机又收到一条新信息而已。

科研人员做了一项针对智能手表用户的调查，希望了解用户认为智能手表本质上提升的到底是什么价值——人们已经有智能手机了，而智能手表本身并不能发挥多大作用。大多数人的回答是：在不方便使用手机的情况下用智能手表读短信。进一步来说，这种手表最受欢迎的"杀手级应用程序"的意义在于，当社交规则限定我们不能使用手机的时候，它能让我们收到信息。我们并没有接受不准使用手机的规定，而是绕过了这一规定。这项规定并非针对手机本身，而是希望人们在此时此刻集中注意力，显然智能手表这个替代品并没有理会这一点。

当然，这里还遗漏了一点：反馈渠道。接收信息没有问题，但是回信息就困难了——更何况人们还希望不着痕迹地尽快把信息发出去。在这方面早已有一些设计概念蓄势待发了，我们称之为"隐藏式互动"（covert interaction）。无论是用手敲腿，还是有节奏地抬起脚尖，许多看上去不引人注意的行为方式都能实现数据的输入。在手表上读完信息，通过敲击"裤子键盘"发送回复。请想象一场禁止带手机的会议，所有参会者都在忙着以自己熟悉的秘密方式回信息。难以设想吗？让我们走着瞧吧。

虚拟世界中的财产和自我定义

与日俱增的数字化趋势也让我们和产品的关系，以及随之而来的对"自我"的定义发生转变。约克大学舒立克商学院市场营销学教授罗素·W. 贝尔克（Russel W. Belk）的文章《数字化世界中延伸的自我》（Extended Self in a Digital World）就描述了这一点。贝尔克教授引用了他 1988 年的文章《私人物品和延伸的自我》（Possessions and the Extended Self），在这篇文章中，他认为财产的核心地位在于对"自我"的补充。后来，许多基本事实都发生了改变。数字化使得书籍、照片和歌曲被"去物质化"（dematerialisiert），它们不再作为单独的、有形的事物存在于客厅之中。数字化让书籍能够无限地复制和分享，这当然提供了诸多优势。但我们和这些数字化物品的关系已不再像我们同自己房间里的物品一样了。在数字化世界中，独特性以及对丢失的恐惧再也不存在了。我们最爱的唱片上会有我们自己的痕迹。如果把它外借出去，我们就得不断提醒别人小心对待它。如果我们在搬家时忘记把它放到哪个箱子里了，它可能就彻底丢失了。这一切都让我们和这张唱片的关系更为亲密。但这些担忧再也不存在了。

此外，贝尔克还探讨了私有物的身份标记性作用的改变。我们随身携带的实体物品，一直在向周围发送有关我们的象征性信息。但它们正在被越来越多的虚拟物品取代，例如脸谱网个人主页或个人博客。有趣的是，这些虚拟的私有物并不仅仅"属于"我们，它们是由我们和其他人一起塑造的。通过在我们的个人主页上发信息、贴标签和写评论，别人也在影响着我们自我展示的塑造。自我定义变成了共建模式。

假设这些趋势会加剧，那么未来某一时刻，虚拟财产将是唯一仍然重要的东西，而物质的、有形的产品将仅具有实用功能。那时就再也没有最喜欢的毛衣、毛绒玩具和挂在墙上的海报了。所有精力都流入了虚拟空间，我们只能在那里体验幸福。我们拥有最喜欢的自拍照，照料虚拟的宠物和花园。实际上，已经有数百万人热情满满地在《乡村度假》这款游戏上打理他们的虚拟花园了。问题是，自拍照的未来到底会是什么样？毕竟现在大部分自拍还是在现实世界中拍摄的。如果实在没有什么可体验的了，人们就只能在自己的脸谱网个人主页前自拍了。或者在其他类似的虚拟世界自拍。我们希望，这一天永远不要到来。

彻底的虚拟现实：终于找到梦中情人了

淡化数字与现实世界之间界限的尝试，已经出现在对虚拟现实的构建中了。使用眼镜、头盔、耳机以及各种各样的设备，可以屏蔽现实世界中的所有刺激。取而代之的是一个模拟的人造世界，人们活动其中并与之交互。理论上那里有无限可能。这个概念已经出现数十年之久了，但从未取得实质性突破，所缺少的就是内容——一款受欢迎的"杀手级应用程序"。

如果人们信任英国的婚恋交友应用 eHarmony，那么这款"杀手级应用程序"或许会成为择偶的未来。根据 eHarmony 发布的一份未来网上约会报告[①]，人们不再需要交换照片或者视频，双方在虚拟现实之中就能直接见面。标准设定得很高：这样一场全感官的虚拟约会不能忽略任何一个感觉通道——视觉、听觉、触觉、味觉、嗅觉——所有这些都应该被逼真地体验到。为了实现这一设想，需要计算出何种带宽才能承载所有信道如此巨大的数据量。报告认为到 2040 年，数据带宽将实现关键性突破，在虚拟现实中见面将和在现实世界中几乎没有差别。这种设想将势不可挡。

eHarmony 认为婚恋交友和虚拟现实拥有巨大潜力。据其预测，到 2040 年将有大约 70% 的恋爱关系以线上交流形式建立。

新的世界秩序

迄今为止，上述产品仍然只是未来的愿景。但我们决不能低估那些如游戏般的技术，它们或许拥有巨大潜力。技术能改变一切，甚至能创造新的世界秩序。对此，记者彼得·格拉泽（Peter Glaser）以脸谱网为例进行了论证。他 2016 年刊登在《南德意志

---

① http://www.eharmony.co.uk/dating-advice/wp-content/uploads/2015/11/eharmony.co_.uk-Imperial-College-of-Dating-Report-20401.pdf

报》的文章"蓝色星球"（der blaue Planet）分析了社交媒体如何拆分旧世界的组成要素并使其重组，描述了脸谱网如何彻底改变了人们彼此之间的相处方式。他认为脸谱网于 2015 年底接管了世界的统治地位——事实上，脸谱网在 2015 年 12 月拥有 15.9 亿活跃用户，它也确实凭此成为地球上最大的"国家"。除了脸谱网，还能有谁拥有如此的统治地位呢？这也难怪，许多印度人、巴西人和印度尼西亚人把脸谱网和"互联网"画等号，他们对脸谱网以外的数字化世界毫无概念。格拉泽将脸谱网对我们生活的影响描述为一种虚拟的核裂变："迄今维系着社会、经济和文化融合的结构和集合，被瓦解成诸多要素。那些将我们联系成共同体的那些分子，分裂成了一个个原子。音乐专辑被原子化成一个个音轨，人们只能在网上单独购买。报纸被裁剪成一篇篇单独的文章，像五彩纸屑一般飘落在社交媒体上。人们最喜爱的书籍和电影段落被分解成一个个碎块，成为 YouTube 和脸谱网上为时 2 分钟的短片。"

于是，脸谱网在几乎所有可能的领域都创造了看待事物的新视角，旧世界原有的联系对脸谱网居民来说不再熟悉，也不再重要。

在所有这些哲学思考之中，彼得·格拉泽还强烈暗示了脸谱网作为一家私营上市公司的动机：脸谱网不是什么公益性实体（尽管它自己如此宣称）。和所有跨国公司一样，脸谱网的运作更像是一个极权政权，而非一个民主国家。脸谱网上面所谓的新公共场所也并非是什么公共空间。脸谱网拥有这片空间的所有权，格拉泽写道："这就像在一个购物中心里，商家如果不喜欢某个顾客，就可以将他踢出去。"脸谱网对上面的私人空间的使用制订了与众不同的"家规"，比如用户的头像可以被用作商业目的。谁要是受够了这一切，想离开脸谱网的"国度"，最好还是仔细考虑一下他还能搬去哪里。就连 Instagram 和 WhatsApp 这些选项，现在也成为"脸谱网宇宙"的一部分了。

技术训练的新时代

另一个不容忽视的趋势是，我们的社会越来越意识到现代技术和持续联通带来的挑战和风险。旨在支持我们和日常生活中的各种技术打交道的特定课程就是很好的例证。趋势是，这些课程不再实用地教育我们如何使用技术（即技术如何运行），而是教导我们怎么在这些技术面前保障自己的幸福，即面对技术，我们该如何运行？慕尼黑大学领导力管理研究中心 2016 年举办的活动中就包括名为《开还是关？时刻联通的灾难和福报》的课程。参加者要学会让新闻媒体和通信媒介成为他们的帮手，而非负累。或许，未来我们还会看到新的课程，从《Tinder 交友——我如何重新吸引别人》或《后脸谱网时代的生活》这样的主题开始。

通往幸福之路

好消息是，尽管（或者说"因为"）技术提供了诸多可能性，未来也不一定是灰暗的。每一个令人不安的现象也是一种机会。前文对"如何变得不幸"的建议也可以转变为积极的"幸福准则"。未来如何塑造？我们有诸多可能的方法。我们可以让技术以有益的方式为我所用。例如，下文这些基本原则就可以帮到我们：

批判地看待技术可能的益处

我们需要检验，技术为我们提供的东西是否真的能充实我们的生活，即在何种使用密度的范围内，我们才能真正获益。各种智能手机应用程序和技术设备在哪里能真正创造有益的独立性或新技能，是否有助于开辟新的空间、获得新技能、体验进步？在什么情况下关系会发生反转？技术在何种情况下会让我们产生依赖，让我们忍受时刻保持联系的压力以及他人不断炫耀幸福给我们带来的焦虑？追求 Instagram 上的点赞，是否让我的摄影失去了真正的艺术价值？我是否荒废了不用自拍就能享受当下时刻的能力？

观察"早期采用者"

我们不一定非要亲自尝试才能思考某些事物是否对我们有益。观察所谓的"早期采用者"（Early-Adopter）——第一批体验新技术的用户，我们也能获得最初的评估。四周以来一直参加"量化自我运动"的女同事近况如何？对身体机理的全面了解，是否帮助她生活得更健康了？她看起来更幸福了吗？她看起来有压力吗？朋友中有哪些人发过博客？一年之后谁还会维护自己的博客？有多少人可以忠于自己独立的理想主义动机，又有多少人在广告合作伙伴的影响下撰写博客内容？有些应用程序通过显示聊天者或脸谱网好友的当前位置（比如脸谱网"附近好友"功能，Apple"找我的朋友"功能），实现了与现实世界连接，这些应用程序的用户体验如何？有谁为了避免假期结束后的压力，在假期里放弃了邮箱的"离开提示"？在所谓的"假期"结束后，他们觉得自己休息得怎么样？研究"早期采用者"时，仅关注他们对技术的使用说了什么是不够的。他们也许落入了陷阱却不自知，卷入了技术的旋涡并早已忘记了自己的初衷。作为局外人，你可以远距离清醒地观察这一切，得出自己的结论：你想要加入吗？还是为了自己的幸福着想，面对技术进步时再稍稍迟疑一下？

分析和覆盖日常的例行公事

另一个步骤是把自己日常的例行公事放到显微镜下仔细观察，有意识地决定尽可能摆脱技术的某些影响。我们在第五章曾希望大家尝试一个关于数字化通信的实验，它可以延伸到所有领域。我们的日常生活有多少时刻受到了技术直接或间接的影响，仅仅是对这个问题的分析就已经很惊人了，同时也很有趣。正如本书许多案例所示，技术通常会塑造常规的、自动的行为顺序，即所谓的"行为脚本"，最终不会有人再对此产生疑问。看见漂亮的事物，人们就会掏出手机拍照，而不会去管到底拍的是什么。有些人甚至尝试去拍摄烟花——那一瞬间我们该去享受的不正是烟花吗？还能有什么别的？在这样美好的瞬间牵住伴侣的手、分享激动的心情之类的旧行为脚本，越来越被边缘化。我的手被相机占据，我的注意力也全都集中在调整相机参数上。

日常例行公事好的一面在于：它们是不断改变的。人们学到的东西也会被再次覆盖。如果你已经识别出了自己的"行为脚本"，想要或多或少地调整它，你就必须有意识地做出决定，并最好和朋友们分享一下。正如心理学对行为控制的研究所指出的那样，要想让行为改变达到最佳效果，最好把它放到具体的"如果－就－关系"中。"如果－就－关系"就是动机心理学学家彼得·高维茨（Peter Gollwitzer）所谓的"执行意向"。在事件触发时，若能想起计划中的新惯例，行为改变就更容易实现。也就是说：如果我们来到一个值得铭记的地方，就不妨先赏给自己 2 分钟来共同感受和经历此时此刻，之后再用技术设备去记录。

从经历出发

另一个有助于识别幸福提升潜力和新惯例的方法，可能就是从经历而不是技术出发，让自己意识到自己到底在期待什么，自己感觉究竟如何。之后再想想，技术能以怎样的方式提供最大支持，或者制造阻碍。我们上次休假的时候就是这么做的。傍晚要去海滨长廊散步时，问题产生了：我们要不要带上照相机？脑海中清醒的回答可能是：要，我们喜欢拍些照片，探索周边环境。

回答也可能是：不要，我们就是想享受一个放松的夜晚，没有兴趣一路盯着取景框。事实上，以下这种情况很少发生：美好的时刻出现了，人们突然想到，"糟糕，没带相机，这会是一张很棒的照片！"。眼前的景象已经更好地印在脑海中了，一切安好。骑行出游的时候也会产生这样的问题：我们需不需要导航？有时没有必要，我们本来就想像探险家一样，信马由缰地体验冒险之旅。妥协方案是，仅仅打开地图模式，查看下段路程的走向和等高线。虽然有了明确的目标，但我们还想尝试自己找路。对我们而言，这是安全与冒险的完美结合。技术能丰富我们的体验，但也应仅限于让我们更充实。在紧急情况下能为我们提供安全保障的同时，也要给我们留下探索发现的空间。

最后的思考

我们希望通过本书研究的现象来吸引更多读者，尤其是那些对自己的感知力很有信心，又对本书深刻描述的技术进步的消极面有所体验的人；还有那些无法理解我们担忧自身幸福日益遭到挤压的人，他们或许认为数字化带来的新幸福对他们而言真的足够了；以及那些对追求幸福的矛盾行为付之一笑，在本书的故事中有所领悟的人；此外就是那些怀着好奇心，认为我们的研究能引发讨论和深思的人，或许他们还会亲自尝试一下我们的建议。

无论每个人的出发点怎样，本书都试图为人们提供思考上的

帮助。让我们再来看看技术对日常生活的影响、真实的幸福和数字化的幸福之间的界限，以及对此的心理学理解。我们把每天在 WhatsApp 上耗费几个小时视作朋友圈里的规则和归属感的象征，并且日复一日地这样做——为什么这一切都是可以理解的？为什么我们一次又一次希望从脸谱网访问量中获得成就感，尽管我们总是在事后发觉这是浪费时间，而且自己没有以前幸福了？我们只不过是想让所有人——线上的和实际在场的交流对象——都感

到满意，但我们为什么却总在冒犯和我们面对面的聊天伙伴？乍一看，技术能提供简单诱人的解决方案，让我们表现完美，促使我们提升自身价值感。可一旦其他人也掌握了同样的方法，这些就都不起作用了，我们的优势也就消失了——这又是为什么？为什么技术能提供非凡的可能性，调动我们的积极性，奖励我们在体育运动上的进步？为什么伴随着技术大爆炸和滥用，生活的某些方面总会遭受损害，比如健康和休息、对周围环境的感知、在空闲时间培养创造力的能力、从当下的数字化交流中脱身并恭敬地与周围人打交道的能力，以及和每位朋友密切的交流。将真实和虚拟世界的幸福以理想的方式相结合，这个任务只能由每个人自己完成。我们希望本书能提供一些帮助、一个基础，让每个读者都可以自信地做出决定，选择适合自己的幸福。

参考文献

Abelson, H., Ledeen, K., & Lewis, H. (2008). Blown to bits: your life, liberty,and happiness after the digital explosion. Addison-Wesley Professional.

Angerstein, S. (2015). »Hört endlich auf, nach Babys zu fragen«. *Grazia*,8/2015, S. 72.

Ariely, D., & Norton, M. I. (2009). Conceptual Consumption. *Annual Review of Psychology*, 60, 475–499.

Asch, S. E. (1956). Studies of independence and conformity: I. A minority of one against a unanimous majority. *Psychological Monographs: General and Applied*, 70(9), 1.

Baker, J. R., & Moore, S. M. (2008). Distress, coping, and blogging: Comparing new Myspace users by their intention to blog. *Cyber-Psychology & Behavior*, 11(1), 81–85.

Barry, C. T., Doucette, H., Loflin, D. C., Rivera-Hudson, N., & Herrington, L.L. (2015). »Let Me Take a Selfie«: Associations Between Self-Photography,Narcissism, and Self-Esteem. *Psychology of Popular Media Culture*. Advance online publication.

http://dx.doi.org/10.1037/ppm0000089

Becker, A. (2015). Produktivitätskiller, Sucht- und Frust-Objekt: die schizophrene Beziehung der Deutschen zu ihrem Smartphone. http://meedia.de/2015/12/17/produktivitaetskiller-sucht-und-frust-objekt-die-schizophrene-beziehung-der-deutschen-zu-ihrem-smartphone/

Belk, R. W. (1988). Possessions and the Extended Self. *Journal of Consumer Research*, 15(2), 139–168.

Belk, R. W. (2013). Extended Self in a Digital World. *Journal of Consumer Research*, 40(3), 477–500.

Blasche, G. (2008). War Ihr Urlaub erholsam? Ergebnisse und Anwendungen der Erholungsforschung. *Psychologie in Österreich*, 3, 306–314.

Broniarczyk, S. M., & Griffin, J. (2014). Decision difficulty in the age of consumer empowerment. *Journal of Consumer Psychology*, 24(4), 608–625.

Brooks, S. (2015). Does personal social media usage affect efficiency and well-being? *Computers in Human Behavior*, 46, 26–37.

Bucher, A. A. (2009). Psychologie des Glücks. Beltz.

Buchholz, S. (2015). Ein Hoch auf die Langeweile. mobil. *Das Magazin der Deutschen Bahn* (11/15), 72–73.

Burke, D., & Linley, P. A. (2007). Enhancing goal self-concordance through coaching. *International Coaching Psychology Review*, 2(1), 62–69.

Calvo, R. A., & Peters, D. (2013). The irony and re-interpretation of our quantified self. In *Proceedings of the 25th Australian Computer-*

Human Interaction Conference: Augmentation, Application, Innovation, Collaboration. ACM Press, 367–370).

Chan, M. (2015). Multimodal Connectedness and Quality of Life: Examining the Influences of Technology Adoption and Interpersonal Communication on Well-Being Across the Life Span. *Journal of Computer-Mediated Communication*, 20(1), 3–18.

Chen, C.-Y., Forlizzi, J., & Jennings, P. (2006). ComSlipper. In *Extended Abstracts on Human Factors in Computing Systems (CHI'06)*. ACM Press, 369–374.

Chen, W., & Lee, K. H. (2013). Sharing, liking, commenting, and distressed? The pathway between Facebook interaction and psychological distress. *Cyberpsychology, Behavior, and Social Networking*, 16(10), 728–734.

Chou, H. T. G., & Edge, N. (2012). »They are happier and having better lives than I am«: the impact of using Facebook on perceptions of others' lives. *Cyberpsychology, Behavior, and Social Networking*, 15(2), 117–121.

Chung, H., Lee, C.-H. J., & Selker, T. 2006. Lover's cups. In *Extended Abstracts on Human Factors in Computing Systems (CHI'06)*. ACM Press, 375–380.

Desmet, P. M., & Pohlmeyer, A. E. (2013). Positive design: An introduction to design for subjective well-being. *International Journal of Design*, 7 (3), 2013.

Drouin, M., Kaiser, D. H., & Miller, D. A. (2012). Phantom vibrations among undergraduates: Prevalence and associated psychological characteristics.*Computers in Human Behavior*, 28(4), 1490–1496.

eHarmony.co.uk (2015). The Future of Dating: 2040. A Report by eHarmony.co.uk and Imperial College Business School. http://www.eharmony.co.uk/dating-advice/wp-content/uploads/2015/11/eHarmony.co.uk-Imperial-College-Future-of-Dating-Report-20401.pdf

Epstein, D., Cordeiro, F., Bales, E., Fogarty, J., & Munson, S. (2014). Taming data complexity in lifelogs: exploring visual cuts of personal informatics data. *In Proceedings of the 2014 conference on Designing interactive systems.*ACM Press, 667–676.

Erskine, J., A K Georgiou, G., & J Kvavilashvili, L. (2010). I suppress, therefore I smoke: effects of thought suppression on smoking behavior. *Psychological Science, 21(9)*, 1225–30.

Fox, J., & Rooney, M. C. (2015). The Dark Triad and trait self-objectification as predictors of men's use and self-presentation behaviors on social networking sites. *Personality and Individual Differences,* 76, 161–165.

Fuad-Luke, A. (2002). Slow design – a paradigm shift in design philosophy.Development by design, dyd02. Bangalore.

Gehlen, A. (1957). *Die Seele im technischen Zeitalter: sozial*psychologische *Probleme in der industriellen Gesellschaft.* Rowohlt.

Geißler, K. A. & Geißler, J. (2015). *Time is honey: Vom klugen Umgang mit der Zeit.* Oekom.

Gindrat, A. D., Chytiris, M., Balerna, M., Rouiller, E. M., & Ghosh, A. (2015).Use-dependent cortical processing from fingertips in touchscreen phone users. *Current Biology,* 25(1), 109–116.

Glaser, P. (2016). Der blaue Planet. Süddeutsche Zeitung, 29.01.2016. http://www.sueddeutsche.de/politik/facebook-der-blaue-planet-1.2839438

Glogauer, W. (1999). *Die neuen Medien machen uns krank: gesundheitliche Schäden durch Medien-Nutzung bei Kindern, Jugendlichen und Erwachsenen.* Dt. Studien-Verlag.

Gockel, B., Sackmann, T. & Müller, C. (2015). Kommunikation von Verbundenheit mittels Smartwatch. In: Diefenbach, S., Henze, N. & Pielot, M.(Hrsg.), Mensch und Computer 2015 – Proceedings. De *Gruyter Oldenbourg*,331–334.

Gollwitzer, P. M. (1999). Implementation intentions: strong effects of simple plans. *American Psychologist,* 54(7), 493.

Gonzales, A. L., & Hancock, J. T. (2011). Mirror, mirror on my Facebook wall: Effects of exposure to Facebook on self-esteem. *Cyberpsychology, Behavior, and Social Networking,* 14(1–2), 79–83.

Große-Hering, B., Mason, J., Aliakseyeu, D., Bakker, C., & Desmet, P. (2013).Slow design for meaningful interactions. *In Proceedings of the SIGCHI Conference on Human Factors in Computing Systems.* ACM Press, 3431–3440.

Hagen, L., Brown, M., Herdman, C. M., & Bleichman, D. (2005). The Costs and Benefits of Head-Up Displays (HUDs) in Motor Vehicles. In Proceedings of the 13th International *Symposium on Aviation Psychology.*

Hassenzahl, M. (2010). Experience design: Technology for all the right reasons. *Synthesis Lectures on Human-Centered Informatics*, 3(1), 1–95.

Hassenzahl, M., & Klapperich, H. (2014). Convenient, clean, and efficient?:the experiential costs of everyday automation. *In Proceedings of the 8th Nordic Conference on Human-Computer Interaction: Fun, Fast, Foundational*. ACM Press, 21–30.

Hassenzahl, M., Heidecker, S., Eckoldt, K., Diefenbach, S., & Hillmann, U.(2012). All you need is love: Current strategies of mediating intimate relationships through technology. *ACM Transactions on Computer-Human Interaction (TOCHI)*, 19(4), 30.

Hentig, H. V. (1985). *Das allmähliche Verschwinden der Wirklichkeit: ein Pädagoge ermutigt zum Nachdenken über die Neuen Medien*. Hanser.

Hsee, C. K. (1999). Value seeking and prediction-decision inconsistency: Why don't people take what they predict they'll like the most?. *Psychonomic Bulletin & Review*, 6(4), 555–561.

Hsee, C. K., Yang, Y., Gu, Y., & Chen, J. (2009). Specification seeking: how product specifications influence consumer preference. *Journal of Consumer Research*, 35(6), 952–966.

Hsee, C. K., Yu, F., Zhang, J., & Zhang, Y. (2003). Medium maximization.*Journal of Consumer Research*, 30(1), 1–14.

Iyengar, S. S., & Lepper, M. R. (2000). When Choice is Demotivating: Can One Desire Too Much of a Good Thing? *Journal of Personality and Social Psychology*, 79(6), 995–1006.

Karasek, H. (1997). Hand in Handy. Hoffmann und Campe.

Kaye, J. (2006). I just clicked to say I love you: Rich evaluations of minimal communication. In Proceedings Keinan, A. (2007).

Productivity mindset and the consumption of collectable experiences (Doctoral dissertation, Columbia University).

Khoshmashrab, M. (2015). Mit Handy, aber ohne Hirn? *Women's Health*, 6/2015, 105–107.

Kim, J., LaRose, R., & Peng, W. (2009). Loneliness as the cause and the effect of problematic Internet use: The relationship between Internet use and psychological well-being. *CyberPsychology & Behavior,* 12(4), 451–455.

Kirkcaldy, B., & Furnham, A. (2000). Positive affectivity, psychological wellbeing, accident-and traffic-deaths and suicide: An international comparison. *Studia Psychologica*, 42, 97–104.

Kitz, V. (2015). Gebt's doch zu, Arbeit nervt! http://www.spiegel.de/karriere/berufsleben/volker-kitz-arbeit-muss-keinen-spass-machen-a-1036254.html

Klein, S. (2002). *Die Glücksformel*. Rowohlt.

Knop, K., Hefner, D., Schmitt, S., & Vorderer, P. (2015). Mediatisierung mobil. Handy- und Internetnutzung von Kindern und Jugendlichen. *Schriftenreihe Medienforschung der Landesanstalt für Medien Nordrhein-Westfalen(LfM)*, Band 77. Vistas.

Krause, K. (2015). Facebooks psychische Störung. Zeit Online, 12/2015. http://www.zeit.de/entdecken/2015-12/social-media-depression-facebook-twitter

Kumar, A., & Gilovich, T. (2015). Some »thing« to talk about? Differential story utility from experiential and material purchases. *Personality and Social Psychology Bulletin*, 1–12.

Laschke, M., Diefenbach, S. & Hassenzahl, M. (2014). Raus aus der Komfortzone: Smarter als Smart Technologies. factory. *Magazin für nachhaltiges Wirtschaften* 3/2014, 42–47.

Lenz, E., Diefenbach, S., Hassenzahl, M., & Lienhard, S. (2012). Mo. Shared music, shared moment. *In Proceedings of the 7th Nordic Conference on Human-Computer Interaction: Making Sense Through Design.* ACM Press 736–741.

Lin, R., & Utz, S. (2015). The emotional responses of browsing Facebook:Happiness, envy, and the role of tie strength. *Computers in Human Behavior*,52, 29–38.

Mander, J. (1979). *Schafft das Fernsehen ab! Eine Streitschrift gegen das Leben aus zweiter Hand.* Rowohlt.

Markowetz, A. (2015). *Digitaler Burnout: Warum unsere permanente Smartphone-Nutzung gefährlich ist.* Droemer.

Marshall, T. C., Lefringhausen, K., & Ferenczi, N. (2015). The Big Five,self-esteem, and narcissism as predictors of the topics people write about in Facebook status updates. *Personality and Individual Differences*, 85,35–40.

Maslow, A. H. (1943). A theory of human motivation. *Psychological Review,* 50(4), 370.

Mischel, W. (2014). *The marshmallow test: Mastering self-control.* New York: Little Brown.

Most, S. B., & Astur, R. S. (2007). Feature-based attentional set as a cause of traffic accidents. *Visual Cognition,* 15(2), 125–132.

Mueller, F. 'Floyd', Vetere, F., Gibbs, M. R., Kjeldskov, J., Pedell, S.,

& Howard,S. (2005). Hug over a distance. *In Extended Abstracts on Human Factors in Computing Systems (CHI'05)*. ACM Press, 1673–1676.

Murdock, K. K. (2013). Texting while stressed: Implications for students' burnout, sleep, and well-being. *Psychology of Popular Media Culture*, 2(4), 207.

Nunes, J. C., & Drèze, X. (2006). The endowed progress effect: How artificial advancement increases effort. *Journal of Consumer Research*, 32(4),504–512.

Ogawa, H., Ando, N., & Onodera, S. (2005). SmallConnection. *In Proceedings of the 13th Annual ACM International Conference on Multimedia (MULTIMEDIA'05)*. ACM Press, 1073–1074.

Pea, R., Nass, C., Meheula, L., Rance, M., Kumar, A., Bamford, H. &Zhou, M. (2012). *Media use, face-to-face communication, media multita Psychology*, 48(2), 327.

Post, S. G. (2005). Altruism, happiness, and health: It's good to be good. *International Journal of Behavioral Medicine*, 12(2), 66–77.

Quartarone, A., Siebner, H. R., & Rothwell, J. C. (2006). Task-specific hand dystonia: can too much plasticity be bad for you? *Trends in Neurosciences*, 29(4), 192–199.

Reichertz, J. (2013). Glück als Konsumgut? Massenmedien und die Werbung als Produzenten von Glücksvorstellungen. tv diskurs 66, S. 38–43. http://fsf.de/data/hefte/ausgabe/66/reichertz_glueck_038_tvd66.pdf

Ross, L. (1977). The intuitive psychologist and his shortcomings:

Distortions in the attribution process. In L. Berkowitz (Ed.), *Advances in experimental social psychology* (Vol. 10). Academic Press.

Russell, C. A., & Levy, S. J. (2012). The temporal and focal dynamics of volitional reconsumption: A phenomenological investigation of repeated hedonic experiences. *Journal of Consumer Research*, 39(2), 341–359.

Sagioglou, C., & Greitemeyer, T. (2014). Facebook's emotional consequences: Why Facebook causes a decrease in mood and why people still use it. *Computers in Human Behavior*, 35, 359–363.

Schwartz, B., Ward, A., Monterosso, J., Lyubomirsky, S., White, K., & Lehman, D. R. (2002). Maximizing versus satisficing: happiness is a matter of choice. *Journal of Personality and Social Psychology*, 83(5), 1178–1197.

SevenOne Media (2013). Der Second Screen als Verstärker. Repräsentative Studie zur parallelen Nutzung von TV und Internet. https://wirkstoff.tv/docs/default-source/second_screen_verstaerker-pdf

Sorokowski, P., Sorokowska, A., Oleszkiewicz, A., Frackowiak, T., Huk, A., &Pisanski, K. (2015). Selfie posting behaviors are associated with narcissism among men. *Personality and Individual Differences*, 85, 123–127.

Sparrow, B., Liu, J., & Wegner, D. M. (2011). Google effects on memory:Cognitive consequences of having information at our fingertips. *Science*, 333(6043), 776–778.

Spitzer, M. (2012). Digitale Demenz. Droemer.

Staw, B. M., Sutton, R. I., & Pelled, L. H. (1994). Employee positive emotion and favorable outcomes at the workplace. *Organization Science,* 5(1),51–71.

Steppart, T. (2014). Ich bin der Troll. http://www.faz.net/aktuell/feuilleton/medien/hass-im-netz-ich-bin-der-troll-13139203.html

Tajfel, H., Billig, M. G., Bundy, R. P., & Flament, C. (1971). Social categorization and intergroup behaviour. *European Journal of Social Psychology*,1(2), 149–178.

Thomée, S., Eklöf, M., Gustafsson, E., Nilsson, R., & Hagberg, M. (2007).Prevalence of perceived stress, symptoms of depression and sleep disturbances in relation to information and communication technology (ICT). *Human Behavior,* 23(3), 1300–1321.

Thompson, D. V., Hamilton, R. W., & Rust, R. T. (2005). Feature fatigue:When product capabilities become too much of a good thing. *Journal of Marketing Research*, 42(4), 431–442.

Trudzinski, F. (2015). Body-Shaming! Jetzt wehren sich die Stars. *Grazia,* 8/2015, 64–65.

Tsujita, H., Siio, I., & Tsukada, K. (2007). SyncDecor. *In Extended Abstracts on Human Factors in Computing Systems* (CHI'07). ACM Press, 2699–2704.

Tügel, H. (2015). Vom Wert der Arbeit. *Geo Wissen* Nr. 53, 2015, 138–146.

Veenhoven, R. (2004). *Happiness as an aim in public policy*. In A. Linley & S. Joseph (Hrsg.): Positive Psychology in Practice. John Wiley & Sons,658–678.

Vorderer, P., & Klimmt, C. (2016). Das neue Normal. *Die Zeit,*

28.01.2016, 33.

Wegner, D. M., & Pennebaker, J. W. (1993). *Handbook of Mental Control*. Prentice-Hall.

Werkmeister, M. (2010). ··· und wann waren Sie das letzte Mal offline? *Petra* 12/2010, 27–30.

Winn, M. (1979). *Die Droge im Wohnzimmer: Für die kindliche Psyche ist Fernsehen Gift. Es gibt nur ein Gegenmittel: Abschalten!*. Rowohlt.

Zöllner, U. (2004). *Die Kunst der langen Weile: Über den sinnvollen Umgang mit der Zeit.* © Kreuz Verlag in der Verlag Herder GmbH, Freiburg i. Br.

采访、演讲、博客和视频

Maicher, C. (2015). Redebeitrag der Abgeordneten Claudia Maicher zum Antrag der Fraktion B90/Die Grünen: »Medienbildung für alle – Medienkompetenz-Initiative Sachsen starten«. 11. Sitzung des Sächsischen Landtags, 27.04.2015, TOP 8. http://www.claudia-maicher.de/zum-gruenen-antrag-medienbildung-fuer-alle-medienkompetenz-initiative-sachsen-starten/

»Darf ich... nicht perfekt sein?« (2015). Sendung des WDR vom 01.06.2015. http://www1.wdr.de/mediathek/video/sendungen/videodarfichnichtperfektsein100.html

Behrendt, F. (2015). »Zehn ernsthafte Ratschläge, wie man locker durchs (Berufs-)Leben kommt. Vom tiefenentspannten fischerAppelt-Vorstand Frank Behrendt«. http://www.spiegel.de/karriere/berufsleben/agenturchef-frank-behrendt-10-tipps-fuers-entspannte-berufsleben-a-1055766.html

Bingham, E. (2015). https://www.facebook.com/emilybinghamwriter/

Braun, I. (2015). Erläuterungen zum Jugendwort des Jahres 2015 Smombie.http://www.sueddeutsche.de/kultur/deutsche-sprache-smombie-ist-das-jugendwort-des-jahres-1.2735599

Brooks, J. (2014). Designing The Perfect Daily Routine. http://comfortpit.com/designing-perfect-daily-routine/

Facebook-Knigge 2010, http://knigge-rat.de/freundschaft-auf-den-ersten-klick-knigge-rat-warnt-vor-naiver-gleichmacherei-in-sozialen-netzwerken/

Facebook-Knigge 2012, http://knigge-rat.de/privacy-knigge-schuetzt-die-privatsphaere-in-sozialen-netzwerken/Facebook-Knigge 2015, http://knigge-rat.de/auf-facebook-blamiert-reagieren-sie-souveraen/

Guzman, C. de (2013).»I forgot my Phone«. https://www.youtube.com/watch?v=OINa46HeWg8#t=43

Handy-Knigge, http://www.knigge.de/themen/verschiedenes/handy-knigge-5385.htm

Höttges, T. (2015).»Der Unterschied zwischen Mensch und Computer wird in Kürze aufgehoben sein«. Interview mit Timotheus Höttges, geführt von Giovanni di Lorenzo. http://www.zeit.de/2016/01/zukunftsvisionen-timotheus-hoettges-roboter-technik

Miller, B. (2013).»Things You Do Online That Would Be Creepy In Real Life«, http://www.buzzfeed.com/bobbymiller/things-you-do-online-thatd-becreepy-in-real-life

Montag, C. (2015).»Produktivitätskiller Smartphone«. Interview mit Christian Montag, geführt von Nicola Holzapfel. http://www.sueddeutsche.de/karriere/psychologie-professor-christian-montag-im-interview-produktivitaetskiller-smartphone-1.2779801, 14.12.2015

Niedecken, W. (2016). Auftritt in der Talkshow»Bettina und Bommes« am 29.01.2016. http://www.ndr.de/fernsehen/sendungen/bettina_und_bommes/Bettina-und-Bommes,sendung473822.html

Pfisterer, U. (2015).»Das Gesicht der Selbstinszenierung«. Interview mit Ulrich Pfisterer, geführt von Maximilian Burkhart und Martin Thurau. Einsichten– Das Forschungsmagazin, 2/15, S. 34–41.

Pickersgill, E. (2015). Fotoserie»Removed«. http://ericpickersgill.com/Removed Schulze, H. (2015). http://www.heise.de/forum/heise-online/News-Kommentare/Permanenter-Kommunikationsdruck-Smartphones-stressen-Kinder/JEDES/posting-23770993/show/

Schwartz, B. (2005). The paradox of choice. www.ted.com/talks/barry_schwartz_on_the_paradox_of_choice

Sloterdijk, P. (2012). Der Mensch als homo technologicus. https://www.youtube.com/watch?v=-mVZbx0y6DA

Smith, C. (2015). By the Numbers: 40 Amazing WhatsApp Statistics. http://expandedramblings.com/index.php/whatsapp-statistics/

Smith, B. (2015). «Frustrated with Facebook? 5 tips tp Reclaim Your Sanity«.http://www.makeuseof.com/

© 民主与建设出版社，2022

图书在版编目（CIP）数据

数字抑郁时代/(德)萨拉·迪芬巴赫,(德)丹尼尔·乌尔里希著；张骥译. —— 北京：民主与建设出版社，2022.9
书名原文：Digitale Depression
ISBN 978-7-5139-3847-1

Ⅰ.①数… Ⅱ.①萨…②丹…③张… Ⅲ.①抑郁—心理调节—通俗读物 Ⅳ.① B842.6-49

中国版本图书馆 CIP 数据核字 (2022) 第 115639 号

Author: Prof. Dr. Sarah Diefenbach, Daniel Ullrich
Title: Digitale Depression. Wie neue Medien unser Glücksempfinden verändern
©2016 by mvg Verlag, an Imprint of Muenchner Verlagsgruppe GmbH, Munich, Germany
All rights reserved.
Chinese language edition arranged through HERCULES Business & Culture GmbH, Germany
本书简体中文版由银杏树下（北京）图书有限责任公司出版。

版权登记号：01-2022-5561

数字抑郁时代
SHUZI YIYU SHIDAI

著　　者	［德］萨拉·迪芬巴赫　［德］丹尼尔·乌尔里希
译　　者	张　骥
筹划出版	银杏树下
出版统筹	吴兴元
责任编辑	王　颂
特约编辑	李　峥
封面设计	墨白空间·曾艺豪
出版发行	民主与建设出版社有限责任公司
电　　话	（010）59417747　59419778
社　　址	北京市海淀区西三环中路 10 号望海楼 E 座 7 层
邮　　编	100142
印　　刷	天津中印联印务有限公司
版　　次	2022 年 9 月第 1 版
印　　次	2022 年 10 月第 1 次印刷
开　　本	889 毫米 ×1194 毫米　1/32
印　　张	8.25
字　　数	142 千字
书　　号	ISBN 978-7-5139-3847-1
定　　价	52.00 元

注：如有印、装质量问题，请与出版社联系。